「食べること」の進化史

培養肉・昆虫食・3Dフードプリンタ

石川伸一

光文社新書

はじめに

みなさんは、「人生最後の食事は何を食べたいか」を考えたことがあるでしょうか？

私がそれを強く感じさせられたのが、写真家ヘンリー・ハーグリーブス氏の「死刑囚の最後の食事」を再現した写真を見たときでした。

２０１１年、米国のテキサス州が死刑囚への最後の食事プログラムを廃止したことが大きく報道されました。テキサス州では、これまで死刑囚が死刑執行の日に「本人が望むメニュー」を出すことを伝統としてきました。これに関心を抱いたハーグリーブス氏は、死刑執行前に死刑囚らが口にする最後の食事を再現するプロジェクトを始めました。彼のプロジェクトは、多くのマスコミなどに取り上げられ、世間から良くも悪くも大きな反響を呼びました。

彼が「非常に不自然な瞬間」と呼ぶこの最後の食事において、ほとんどの死刑囚たちは、揚げものなどこれまで自分がよく食べてきた〝ホッとする食べもの〟を依頼します。死刑囚が最後に頼んだメニューに、何か意味があるのかないのかはわかりませんが、多くの人に「引っかかる何か」が、この最後の食事にはあるように感じます。

また、絵本作家の佐野洋子氏が、エッセイの中で、知り合いのマコトさんから聞いたお父さんの死について、次のような文を残しています。

「何か飲みたい?」ときくと「こう胸がスカッとするもの」と云うので、いつもサイダーをあげていた。サイダーを飲むと「ウム、スカッとした」と云うそうだ。「もう、お前、あのじいちゃん、サイダー、トラック二台分は飲んだぜ」とマコトさんはげらげら笑いながら云っていた。

(中略)

ある日、おじいちゃんが、「体をふいてくれ」と突然云ったので、何だろう、不思議だなと思って、体をきれいにふいてやった。ふだんと変わりは何もなかったそうだ。しばらくすると「何かスカッとするもの」と云ったので、吸い口にサイダーを入れて飲ませた。それからすぐ、ヒクッとしてそのまま死んでしまったそうだ。

私たちは、「最後の食事への向きあい方が、その人となりを物語る」ことを暗に感じているのではないでしょうか。

生まれてきて、死ななかった人は一人もいないのにもかかわらず、私たちは死ぬことに対してなぜか〝他人ごと〟です。いつ死ぬかわかりませんが、生きているうちは、たいてい何かしら飲食して、生きていくほかありません。

もし、私が自分の人生最後の食事を幸運にも選べるとしたら、どんなメニューにするか、考え込んでしまいます。それまで食べてきたいつもの食事なのか、あるいは今までで一度も食べたことのないものなのか。最後に誰と食べるかの方がはるかに重要である気もします。

「食と人の関わり」がどう変わってきたのか、そして、これからどう変わっていくのか、すなわち「食の未来」を考えながら、誰にでも訪れる未来の「最後の晩餐《ばんさん》」のヒントをみなさんと共有できたらと思います。

「食べること」の進化史

培養肉・昆虫食・3Dフードプリンタ

目次

現在　現在の料理の背景にあるもの

第4章　「未来の環境」はどうなるか　——食と環境の進化論——

序章
食から未来を考えるわけ

（1）なぜ「食の未来」を考えるのか

「SF食」の出現

昔のSF作品の世界で見た「未来の食」は、手に届くところまで迫ってきています。たとえば、食糧不足や環境問題など人類が抱える問題を解決するための、さまざまな「代替食」の開発が進んでいます。代表的なもののひとつとして、細胞を培養して食肉とする「人工培養肉」が、現実化しています。また、調理の世界では、調理機器と情報通信技術（ICT）が融合し、キッチンの「スマート化」や「ロボット化」も進んでいます。

新しい食は、食の生産、製造、流通などだけでなく私たちの身の回りの食生活をも大きく変革し、最終的には私たちの身体や健康、さらには、家族団らんや個人のアイデンティティなどの心にも影響を及ぼしていくでしょう。将来、私たちが何を食べるか、何を食べることができるかは、これからの「食のテクノロジー」にかかっています。

イギリス出身のSF作家、アーサー・C・クラーク氏が定義した「クラークの三法則」の第3法則の中に「Any sufficiently advanced technology is indistinguishable from magic.

(十分に発達した技術は、魔法と見分けがつかない。)」という有名な言葉があります。

たとえば、平賀源内が今のスマートフォンを見て、その動作原理を理解できるでしょうか。静電気発生装置のエレキテルを開発した彼であろうと、電気で動くスマートフォンは全く理解できない〝からくり板〟のように見えるでしょう。平賀源内に限らず、30年前でさえ、スマートフォンの登場をリアルに予想できた人は、決して多くはなかったはずです。

未来に発明されるかもしれないテクノロジーを予想するとき、現時点でその可能性や限界を明確に示すことは非常に困難です。未来において発明されるかもしれない斬新なテクノロジーは、その斬新さゆえに、現在の価値観の延長線上では、なかなか理解されにくいからです。そのため、現時点で予測する未来の食は、まるでSFや魔法のように扱われ、「ありえない」と切り捨てられるおそれがあります。

〝マルチプレーヤー〟としての食

フランスの思想家、アンテルム・ブリア=サヴァランの「普段何を食べているのか言ってごらんなさい。あなたがどんな人だか言ってみせましょう」という有名な言葉があります。食は、自らを投影する鏡のようなものであり、「食の未来」を思うことは、「私たちの未来」

を思うことでもあります。

さらにいえば、食の未来予測は、人間の未来を考える上で最も身近なもののひとつです。食べるという行為は、日常的かつ必須であり、私たちの肉体や精神などに直接的かつ間接的な影響を広く与えているため、人の未来像を予測する上で、食のこれからを考えることは、大きな威力を発揮するでしょう。

本書では食べもののさまざまな〝働き〟をとりあげますが、新しい視点として、東京大学先端科学技術研究センターの稲見昌彦氏は、「料理はメディア・アート」と話しています。料理は、生産者の食材へのこだわりや、料理人のアイデアと技術などが介され、食べる人へと届きます。そういった性質から、食材や料理は、それらがもつ情報や食に携わった人の気持ちを媒介するメディア、体現するメディア・アートとしてもみてとれます。

カナダの英文学者マーシャル・マクルーハンは、1964年刊行の著書『メディア論』で、「メディアはメッセージである」という言葉を残しています。そこには、「人々はメディアによる内容にとらわれがちだが、メディアが現実と違った媒体に再構成されているのであれば、そのメディアの形式や構造にこそある種のメッセージが含まれており、それに目を向けるべきだ」という主張が込められています。つまり、食べものがメディアであるなら、「食であることにメッセージ性がある」「食を仲介とするからこそ伝わることがある」ということです。

また、2018年に朝日新聞GLOBE+に掲載された記事の中で、マサチューセッツ工科大（MIT）メディアラボの石井裕氏は、「AIの時代にあっても、色あせず輝く才能、創造性とは何か」について、「アート、デザイン、サイエンス、テクノロジー、どの分野でも楽しみながら異文化コミュニケーションできる資質が求められており、そんな性質をもった人材を育むには、異文化に身を投じて異なった考えをもつ者と議論し、自らの考えを鍛えていくこと、すなわち『他流試合』が大切である」と語っています。もともと、料理をきわめる人にとって〝アート〟の才能はとても重要な要素ですし、再現性を高めるための調理の〝サイエンス〟を理解することも上達への道標《みちしるべ》となります。さらに、料理の見た目だけでなく栄養バランスなどを〝デザイン〟する意識も必要ですし、料理を作る上での職人技ともいえる〝テクノロジー〟を有することも必須です。料理をする人の中には、アーティスト、サイエンティスト、デザイナー、テクノロジストがそれぞれ存在し、自分の内なる世界の中で他流試合をしています。

料理を作ることや考えることは、科学や芸術といった多分野を融合しているため、自ずと幅広い創造性や独創性を育む訓練となります。料理と似た性質をもつものに、建築がありますが、一般の人々にとって家を作るよりも料理を作る方が、はるかにとっつきやすい行為です。

このようなマルチな性質や意味合いをもつ食の未来予測をすることが、先の読めない問い、たとえば「これからのAI時代に本当に求められるものは何か」などを想像する上で、有効な手段となるでしょう。

「未来の食」への不安と期待

未来は、食が多様化し、選択肢が多くなる可能性があります。コロンビア大学教授のシーナ・アイエンガー氏は、「食料品店でジャムを選ぶのでも何でも、何百もの選択肢に心を麻痺させられて、選択を放棄して逃げてしまうためスタンダードのものを選ぶ人が多くなっている。選択肢が増えすぎると、われわれはお手上げになる。こうなると、選択は人々を自由にするのではなく、弱らせる」と述べています。「選択肢がありすぎると不幸になる」という、「選択のパラドックス」と呼ばれるものです。

また、社会には、遺伝子組換え食品や人工培養肉といった新しいテクノロジーで作られた食べものへの「不安」も存在しています。食に関するテクノロジーのひとつの特徴は、受け入れるか否かに人の心理が大きく影響することです。これが電子機器のテクノロジーであれば、私たちは「新しいもの＝優れたもの」と感じる場合が多いですが、食の世界では、そうとは限らず、むしろ新しい食べものにリスクを感じる場合が少なくありません。

客観的に食の未来を予測することは、食の選択肢が多すぎることや、未知の食テクノロジーの登場といった「食を思って不安になること」を和らげることにもつながります。

新しい食に不安を感じる一方で、おいしいものが食べたい、何か新しいものが食べたいという「期待」は、好奇心を刺激し、人類の祖先が絶滅の危機に瀕《ひん》した際にも威力を発揮しました。氷河期に、赤道付近は乾燥化が進み、アフリカにいた人類は窮地に立たされました。植物が枯れ、動物たちも激減したことで、人類は深刻な食糧難に見舞われ、食べものを求めて移動を余儀なくされました。人類の祖先の一部は、慣れない土地で、それまで食べたこともなかった貝などの海産物を食べ、それぞれの土地で手に入るものを口にしました。それは必死の選択でもあったのでしょうが、この好奇心やチャレンジ精神が、私たちの祖先の生き残りにつながりました。その好奇心は、未来の食にも関係していくでしょう。

（2）食がいかに私たちを変えてきたか

私たちが食を変えたのか、それとも食が私たちを変えたのか

人類の長い歴史の時間軸で考えれば、たくさんの食べものの中から自分の食べたいものを選べるようになったのはつい〝最近〟のことです。人類は250万年にわたって、植物を採集し、動物を狩り、食物にしてきました。これらの動植物は、人間の存在とは関係なく、繁殖していました。しかし、1万年ほど前になると、私たちの祖先は、より多くの穀物や肉を

手に入れるために、種を蒔《ま》いて、作物に水をやり、動物には餌を与え、草地に動物を移動させました。イスラエルの歴史学者ユヴァル・ノア・ハラリ氏は、ホモ・サピエンスが文明を築いた重要な3つの革命として、認知革命と科学革命とともに、この「農業革命」を挙げています。

しかし、人類はこの農業革命によって、「手に入る食料の総量を増やすことができたが、実際はより良い食生活をもたらしたとは限らず、人口爆発と階級格差の誕生につながった」とハラリ氏は語っています。平均的な農耕民は、平均的な狩猟採集民よりも苦労して働いたのにもかかわらず、見返りに得られる食べものは劣っており、農業革命は、〝史上最大の詐欺〟であったと言っています。

農業革命以前の狩猟採集をしていた際の人類は、多種多様な食べものを食べ、小麦や米などの穀物はその中のほんの一部を占めていたに過ぎませんでした。それが農業革命後は、穀類が食事の主体となり、現代の私たちの食生活、身体、そして社会全体にも影響を及ぼすことになりました。

農業革命によって、小麦、稲、ジャガイモといった一握りの植物が世界中に広がっていきました。たとえば、1万年前、小麦は、中東の狭い地域に生えるただの野草のひとつでした。

それがほんの数千年のうちに世界中で生育されるようになりました。それらの植物からみれば、人が小麦や稲の栽培を能動的に行ってきたのではなく、「自らの種の保存に有利な形で人を操ってきた」と言えます。食が私たちを改良し、その結果、私たちが「食の産物」として〝進化させられている〟側面があります。

食が変えてきた私たちの身体、心、環境

約700万年前、私たちの祖先の人類は、チンパンジー類と分岐し、初期の人類であるアウストラロピテクス属を経て、今に続くヒト属へと進化しました。その際、人間になれる可能性のあったヒト属は25種類ほどいたと言われます。しかしそのうちの1種、つまり私たちの祖先であるホモ・サピエンスだけが今日まで生き延び、残りはすべて絶滅してしまいました。

ホモ・サピエンスと同様、生き残る可能性の高かったのが、ネアンデルタール人です。ネアンデルタール人はアフリカからいち早くヨーロッパへ移動するなど、ホモ・サピエンスの最大のライバルでした。また、体のサイズや腕力もホモ・サピエンスより圧倒的に勝《まさ》っていました。しかし、ネアンデルタール人は最終的には絶滅してしまいます。

なぜ、ネアンデルタール人が滅び、ホモ・サピエンスが生き残ったのでしょうか。理由のひとつとして考えられているのが、「食性」です。残された骨の酸素や炭素の同位体比を測ると、ホモ・サピエンスは、何でも食べていたことがわかっています。急激な気候の変化などで食べものが少ない環境下であっても、ホモ・サピエンスは「雑食」となったことで、飢《き》餓《が》のリスクを減らし、その結果、あらゆる地域に棲《す》み、繁殖し、そして農業まで始めるようになりました。

しかし「雑食」を選択したということは、同時に「ひとつの食品を自分たちにとっての唯一の完全食品とする」のを捨てたことを意味します。ホモ・サピエンスが雑食を選んだ瞬間に、私たちは「今日、何を食べようか」と考えることを宿命づけられました。

私たちは何でも食べられる雑食動物だからこそ、食べものや食べ方を間違えれば、身体は肥満や病気になります。雑食になったことで、食事の選択肢は増えましたが、食べものを選ぶ悩みも増えたといえます。

イギリスの結晶物理・生物物理学者で、20世紀最大の科学啓蒙家の一人であったジョン・デスモンド・バナールは、１９２９年出版の著書『宇宙・肉体・悪魔』の中で壮大な人類未来論を展開しています。

タイトルの「宇宙・肉体・悪魔」とは、人間の頭脳の創造活動に基づく人類の未来の進化を妨《さまた》げる「物理的」「生理的」「心理的」な制限のことをそれぞれ指しています。つまり、人の環境、身体、心の制限を取っ払ってしまえば、人類がもっとさまざまなブレイクスルーを引き起こせるのではないかと暗示させる表題です。

食は、バナールが指摘した「宇宙・肉体・悪魔」を実際に変えてきました。すなわち、食べものが、人の健康や病気による「身体」、社会の思想やアイデンティティ、個人の心理という「心」、農業、キッチン、食卓などの「環境」を変化させた大きな要因となっています。

前述したハラリ氏は、ひとつの戦争で歴史が変わることは非常にまれであり、実際に歴史の流れを変えてきたのは、偉人でも英雄でもなく、小麦、米、トウモロコシといった穀物や、大豆、ジャガイモのような農作物の普及だったと言っています。

ヨーロッパ人がアメリカ大陸を発見し、征服に至ったのは、アメリカでジャガイモを発見したからです。当時、南アメリカでしか栽培されていなかったジャガイモをヨーロッパに持ち帰ったことで、やがて世界中に広まりました。今日、ヨーロッパ、アジア、アフリカのほとんどの地域でジャガイモが食べられており、ジャガイモのない食生活は考えられません。日本でも大陸から渡って来た稲が、私たちの食生活を変えただけでなく、年貢という税金となって社会制度の基盤を作り、原生林を里山へと変え、人間の体型をも変化させてきました。

広い範囲で人々の人生を変えたという点で、過去のいかなる戦争よりも、ジャガイモや米といった食べものの方がはるかに強い影響があったといえるでしょう。

食の未来学

「食の未来」は、食べものを作る「テクノロジーの未来」に大きく依存します。新しい調理技術、調理機器などの登場で、新しい料理が生まれることはよくあります。食の未来を考える前に、その食べものを作る「食のテクノロジーの進化」について目を向けてみましょう。

米国『WIRED』誌の創刊編集長であったケヴィン・ケリー氏は、「テクノロジーは生物学と同じような方法で理解できる」と、その著書『テクニウム』で語っています。

生物の進化の特徴として、徐々に「複雑化」していることが挙げられます。生物個体の進化をざっくり見ていくと、まず「自己複製する分子」から始まり、それがもっと複雑な構造をもち、自己維持できる「染色体」へ移行、さらに「原核生物から真核生物」へと複雑化してきました。

生物個体の複雑加に加え、生物種の「多様化」も進みました。実際、地球上に生存している生物の種の数は、過去6億年の時間を経て劇的に増加しています。地球の歴史のある時期には、小惑星の衝突などによって多様性が後退することもありましたが、全体的に見れば、多様性は広がっています。現在の生物の分類学上の多様性は、2億年前の恐竜時代に比べて約2倍となっています。

テクノロジーの進化でも、生物学の進化と同じような傾向を見てとれます。たとえば、最もシンプルな調理道具である「包丁の進化」を考えてみます。まず石器時代に、黒曜石を割ったものが包丁の原型でしょう。その後、手で握るための柄《え》が付き、さらに刃の材質は、青銅、鉄、鉄鋼、炭素鋼、ステンレス鋼、モリブデン鋼などへと変わりました。かたちも和包丁、洋包丁、中華包丁などをはじめ、数限りない種類があります。

進化の過程では、ピーラー、スライサー、チョッパーなどの切る道具も登場してきました。

比較的シンプルな調理道具の包丁ですら、生物の進化のように、複雑化、多様化してきました。刃を丈夫なものにし、かつ鋭く研ぐにも、それぞれの技術の進化があってはじめて成し遂げられるものでした。

テクノロジーは今後も、生物の進化のように複雑性、多様性をますます増していくでしょう。そして、それにともない、未来の食べものもより複雑化、多様化すると予想されます。その過程で、生物の進化のように残るものは残り、なくなるものはなくなります。これが、未来予想を難しくさせている大きな要因です。

未来は観察したり、実験での検証が不可能です。科学的に使える手段は、予測のみです。ほとんどの科学では予測は小さな役割しか果たしません。それは、予測がたいていすぐに検証されて確かめられるからです。未来学の質は、過去や現在のデータに基づいてさまざまな角度から予測し、いかに未来のモデルを提示できるかによって決まります。そのため、未来学は、多種多様な研究分野における洞察に基づいて、全体的あるいは体系的な視点で考えることが必須となります。

（3）食の未来の見方

「食の未来学」の基盤学問

前述した科学啓蒙家のバナールは、未来を判断する上で重要な〝学科〟が3つあると言っています。「歴史」「科学」、そして「願望の知識」です。

1つ目の「歴史」は、物ごとがこれまでにいかに変化してきたかを教えてくれるため、その歴史から類推して、未来がどう変化するかを示してくれます。未来予測は、歴史学の一部として存在するのかもしれません。

未来の食は、現在と同じく、そのときに存在する技術に大きく影響を受けるでしょう。米国の技術発達の歴史を研究する「技術史」の専門家にメルヴィン・クランツバーグという人がいました。彼の長年にわたる技術史研究を踏まえた上で、1985年に提示された、以下の6つの法則、「クランツバーグの法則」というものがあります。

第1法則……「テクノロジーは、善でも悪でもない。中立でもない」

第2法則……「発明は、必要の母である」

第3法則……「テクノロジーは、大小問わず、パッケージに入っている」

第4法則……「テクノロジーは、多くの公的な問題において重要要素となるかもしれないが、テクノロジー政策の決定においては非テクノロジー的な要素が優先される」

第5法則……「すべての歴史が関係するが、テクノロジーの歴史が最も関係する」

第6法則……「テクノロジーは、非常に人間的な活動である。テクノロジーの歴史も同様である」


ページ数の関係上、詳しい解説は参考文献を読んでいただくとして、このクランツバーグの法則を食の未来を考えるひとつの手がかりとしたいと思います。

バナールの学科の2つ目は、現在知られている限りの「科学」です。特に自然科学の法則は、過去、現在だけでなく、未来でも影響があります。物理学の法則などは、将来ひっくり返されていることはないからです。

一方、科学・技術と併記される技術は、未来に向かってどんどん進化し続けるでしょう。その新しい技術の基盤となるのが、科学です。科学はあくまで知識であり、私たちの生活にすぐに便利さをもたらすものではありませんが、その一部は新しいイノベーションへの起爆剤となります。

そもそも科学と技術は、その歴史や中身は異なるものです。『広辞苑』には、科学は「体系的であり、経験的に実証可能な知識」とあるのに対し、技術は「物事をたくみに行うわざ。科学を実地に応用して自然の物事を改変・加工し、人間生活に役立てるわざ」と記載されています。未来予測においては、科学と技術の方向性が異なることを認識した上で双方の影響を考えることが重要です。

バナールの学科の3つ目は、「願望についての知識」ですが、これは、「心の科学」といった分野が担うのかもしれません。ヒトの心の科学には、分子から細胞・神経回路網・脳・個体・人間集団まで、さまざまな階層を扱う学問が含まれます。心理学、認知科学、社会学、人類学、民俗学、哲学などは、〝心のソフトウェア〟の解析を目指し、個体、集団、社会といったマクロな階層を対象としています。それに対して、生命科学の一分野であり、〝心のハードウェア〟を解析する脳科学や神経科学は、神経伝達物質や神経特異的遺伝子発現などの分子・細胞・電気生理的信号伝達といった、ミクロな階層の研究から着手しています。

近年、両領域の隔《へだ》たりは縮小してきており、ヒトの認知能力が、物質的・生理的に解明される可能性が具体的なものとなってきました。両領域の接近は、各構成分野で蓄積されつつある膨大な知見の情報科学的統合や、脳活動測定方法の進歩に負うところが大きいとされています。１９９０年代後半から、機能的磁気共鳴画像法（ｆＭＲＩ）などの非侵襲《ひしんしゅうてき》的な（身体を傷つけない）脳活動測定法の感度などが向上し、脳内部位の微視的な現象が解析されるようになりました。このため、脳のハードウェアとしての神経科学的知見と、ソフトウエアとしての認知科学的知見の間に、接点を見出せる期待が高まっています。

「食の未来学」を考える上で、歴史学は食の世界に〝何が〟起こるのかという「Ｗｈａｔ」について、自然科学は食が〝どのように〟変わっていくのかという「Ｈｏｗ」について、心の科学は〝なぜ〟その食を選ぶのかという「Ｗｈｙ」について、それぞれ主に明らかにする役割があるでしょう。

「変わる食」と「変わらない食」を分かつもの

未来予測において、重要な視点のひとつが「進化論」です。チャールズ・ダーウィンの進化論は、自然環境が生物に無目的に起こる突然変異を選んで、進化の方向性を決めるという説です。

イギリスの進化生物学者リチャード・ドーキンス氏は、進化論をもとに、生物学を超えて他のさまざまな研究領域に応用した「ユニバーサル・ダーウィニズム」という概念を作りました。実際に、心理学、経済学、言語学、医学などでは、進化論の理論を拡張した、進化心理学、進化経済学、進化言語学、進化医学といった分野が登場しています。

生物学における「進化」は、純粋に「変化」を意味するものであって「進歩」を意味しません。進化は、価値判断において中立的です。それと同じように、食べものの未来への進化は、これまでの歴史、科学・技術の発達、人の欲求、経済性などの範囲内で、たくさんの突然変異型としての新しい食が生まれ、それらが自然選択のような形で変化していくかたちをとると考えられます。

本書で試みる食の未来予測は、食の歴史学、食の科学、食の心の科学といった学問を基盤とし、それらをユニバーサル・ダーウィニズムのような中立的視点で眺める形式をとります。

また、バナールが著《あらわ》した『宇宙・肉体・悪魔』の冒頭では、未来には「願望の未来」と「宿命の未来」があると書かれています。これは、未来の正確な分析は、未来がこうあってほしいとか、こうあってほしくないといったあらゆる願望をいったん脇におき、客観的な宿命を眺めたとき、初めてスタートラインに立てることを意味しています。

一方で、私たちの願望する未来は、現時点ではあくまで空想ですが、その願望は未来を変容させるモチベーションになります。現実の変化は、私たちの望んだ結果と合致するとはもちろん限りませんが、未来を動かす大きな要因にはなります。願望と宿命を分けて考え、その後上手にすり合わせることが重要でしょう。

未来予測は、当たり前ですが、多くの場合予想通りとはなりません。たとえば、インターネットの登場によって仕事はウェブサイトを介したものになり、通勤は不要、会社は「無人オフィス」になると予言されたり、家で寝転びながら、ウェブサイトで世界をめぐる「サイバー観光」が主流になり、世界中の名所を実際に訪れる人が減るとの予測もありました。しかし、無人オフィスもサイバー観光も、今のところリアルを凌駕《りょうが》するようには感じられません。

こうした予測が難しいのはなぜでしょうか。米国の理論物理学者で未来学者のミチオ・カク氏は、「穴居人《けつきよじん》の原理」という考えで説明しています。穴居人の原理とは、「洞窟や横穴などを住居としていた穴居人の時代から、私たちの望み、夢、人格、欲求は変わっておらず、またこの先もそうそう変わらないだろう」というものです。

私たちの祖先の穴居人は常に、直接人に会うことで、表に出ない感情を読み取り、他人と親密になりました。

現代のテクノロジーと人の原始的な欲求との間に軋轢《あつれき》があるところでは、たいてい穴居人の原理、すなわち人の昔ながらの欲求が勝利を収めてきたという歴史があります。新しいテクノロジーによる新しい食が受け入れられるかどうかについて、この穴居人の原理という視点でも眺めていきたいと思います。

「未来ごはん」の歩き方

藤子・F・不二雄の『ドラえもん』は、1969年から漫画の連載が始まり、それから半世紀ほど過ぎましたが、現在でも高い人気と知名度を保っています。さらに海外でも、東アジアを中心に高い人気があります。ドラえもんが、時と場所を超えて愛されるのはなぜでしょうか。

ドラえもんといえば「ひみつ道具」であり、のび太は、ドラえもんの四次元ポケットから出してもらう未来の道具でいつも助けてもらっています。ドラえもんの読者ターゲットは子どもです。子どもたちは、ひみつ道具に少なからず日常のリアリティを感じなければ興味を示さないでしょう。日常からかけ離れていたり、大人のご都合主義であれば、子どもの心は離れていくはずです。

ひみつ道具は、今は存在しないけれど、ドラえもんが生まれた22世紀の未来にはきっとあるはずというような可能性や願望が表現されているものなのではないでしょうか。ドラえもんに登場するキャラクターたちが魅力的なのはもちろんですが、登場する数々のひみつ道具に、「未来では発明されていそうだと信じさせるある種の「本質」が隠されているように感じます。長い間、人々に愛されているSF作品には、未来への願望が詰まっており、それらの作品から知恵を借りることは、未来予測の〝正解率〟を高める良い方法かもしれません。

また、未来図は、未来の部分だけ切り出して見てみてもイメージしにくいものです。過去から現在、そして未来という時間の流れを「絵巻物」のような視点でとらえることが、未来の姿をよりクリアにするでしょう。

また、食べものが影響を及ぼす範囲は、前にお話ししたように広大です。そのため、本書では「未来ごはん」について、主要な地点をざっと周遊しながら考えるスタイルをとりたいと思います。「料理（第1章）」「食と身体（第2章）」「食と心（第3章）」「食と環境（第4章）」の大きく4つの点です。それぞれを「過去→現在→未来」の推移で眺めていきます。

この本の未来予測は、あくまで私のこれまでの知識に基づく推測を書いたに過ぎません。この未来図は、もちろん科学的真実というものではなく、過去と現在の知見のレール上にあると私個人が考えるものです。正解は、未来になってみなければ、誰にもわかりません。10年や20年、さらには、100年、200年以上の年月を経れば、この本で描いた「食の未来観」の一部の答え合わせはできるでしょう。自分に訪れる「未来の食卓」だけではなく、孫やその孫、さらにその孫の孫の世代の食卓にも思いを巡らして読んでもらえればと思います。

未来
現在
過去
4
3
2
1

第1章

「未来の料理」はどうなるか

——料理の進化論——

過去 料理はこれまでどのように変わってきたか

（1）料理の因数分解

〝幅広く〟考えるのが調理学

私の好きな料理本のひとつに、スペインが生んだ20世紀を代表する画家、サルバドール・ダリの『Les Diners de Gala（ガラの晩餐）』があります。幼い頃は料理人になりたかったという彼が考案した料理は、シュルレアリストらしい盛り付けがなされており、おいしそうに見えるかは別として、見るだけで〝自分の胃袋をこねくり回される〟感覚になります。

現在、新しいテクノロジーの進化によって、料理のバリエーションが急速に広がっています。その歴史に、〝自分の頭をこねくり回される〟ような料理が、新しいページとして加わろうとしています。私たちは今後、どのような料理を目にするのでしょうか。

料理のこれからを考える前に、まずは私たちがよく使う「調理」と「料理」という言葉の違いを考えてみましょう。

「調理」という言葉は、調《ととの》え理《おさ》めること、つまり、食品をおいしく、すぐ食べられるように調製することを意味します。一方、「料理」は、食べものをこしらえること、または、そのでき上がったもののことを指します。一般に調理と料理の関係は「食材→調理→料理」のような流れで考えられています。

すなわち狭義の「調理学」は、料理を作るプロセスを考える学問であり、「料理学」はでき上がった料理をメインに考える学問であるといえます。また、食材を主たる対象にするのが「食品学」です。広義の調理学は、料理のもととなる食材、調理という操作、そしてでき上がった料理のすべてを研究領域としています。

食材は調理されてから人間の口に入ります。調理の過程を経ることによって、食べものはおいしく、安全になり、消化しやすくなります。調理過程における食材の変化を知り、おいしくなる方向にその変化を制御することを考えるのも調理学です。すなわち、料理というモノだけでなく、おいしさを感じるヒト側への理解も調理学には必須です。ダリの料理の見た目が、ヒトに与える影響を考えるのも調理学の範疇《はんちゅう》になります。

料理構造論

料理を〝因数分解〟的な視点で考えた場合、料理を構成する二大因子は、その料理に使う

「食材」と、人が行う「調理法」でしょう。料理を構成する要素間の相互関係、すなわち「料理構造」は、食材と調理法からなるといえます。

調理法の体系化に関しては、さまざまな分野の学者が、さまざまなアプローチを行ってきました。たとえば、フランスの社会人類学者であり、構造主義の代表的な思想家のクロード・レヴィ=ストロースは、「料理の三角形」という、「生もの」「火にかけたもの」「腐ったもの」を3つの頂点とするモデルを提示しました。彼は、「火にかけたものは生ものの文化的変形であり、これに対して腐ったものは生ものの自然的変形である」と述べ、「自然と文化」という抽象度の高い二項対立を行っています。

また、エッセイストの玉村豊男氏は三角形の考え方を発展させ「料理の四面体」というモデルを提示しています。火(熱源)を三角形の頂点におき、底面の3つの頂点には、熱媒体である水、油、空気をおきます。火とそれぞれの頂点を結ぶ稜線は、水を媒体とする煮物ライン、油を媒体とする揚げ物ライン、空気を媒体とする焼き物ラインとします。何かひとつの食材を、この料理の四面体のどこか1点におくと、ひとつの料理ができ上がり、その点を移動していくと異なる料理が生まれます。新しい料理の創作媒体として、このような考え方を使うことができます。

ちなみに、私の研究室では、完成した料理そのものを建築物のように立体の〝構造物〟としてとらえ、フランスの物理化学者のエルヴェ・ティス氏が提唱した、物理的な記号を使った「料理の式」を用いて表現しています。客観的な記号を用いて料理構造を解析することで、物理的なおいしさの解明、食文化比較論による料理の進化の解明といった、料理に潜む原理を探る温故知新《おんこちしん》的な側面を明らかにするだけでなく、既存の概念にとらわれない料理の式を用いた新しいメニューの開発等ができると考えています。実際に、スイーツの料理の式を作成し、その式を改変したメニューをシェフと共創する取り組みを行っています。料理を式であらわし、式の中の食材を別のものでおき換えたり、式を変形したりすれば、いくらでも応用ができます。「この食材ではこの料理だ」という私たちの先入観が、新しい料理の発明を邪魔しているならば、料理の式を用いることで、食材の固定観念に縛られることなく、どんな素材に対しても、物理化学的な特徴だけを考えて、思いもよらなかった料理を生むことができるかもしれません。

料理＝食材×調理法×思想

同じ食材、同じ調理法を使っても、でき上がる料理はなんといっても「調理する人」によって大きく変わります。

『調理のアイデアと考え方』という本の中で、農学者の川崎寛也氏は、研鑽《けんさん》会の日本料理人のメンバーが新しい料理を考える上で重要とする項目を、社会科学の研究等で使われる「ラダリング」という手法で分析しました。ラダリングは、製品を選んだ潜在的理由を把握するための調査手法で、広告業界などで使われています。

評価項目の上位には、「主素材の食感が生かされている」「主素材の主役感がある」「日本料理・京料理らしさがある」「驚き・インパクトがある」などが挙げられています。料理人によっても〝影響の大きさ〟に違いがあり、「菊乃井」の村田吉弘氏は、他の要因に影響を与える項目の第1位は「主素材の旨味が生かされている」であり、一方、「瓢亭《ひょうてい》」の髙橋義弘氏は「主素材と副材料の相性がよい」でした。

また、フランス料理人と日本料理人を比較すると、どちらも「主素材の風味が生かされている」ことを最も重要と考えているのは同じですが、その項目に最も影響を及ぼしているのは、フランス料理人は「バランスがよい」であるのに対し、日本料理人は「日本料理・京料理らしさがある」でした。日本料理人とフランス料理人の間でも、考え方に「クセ」があることから、それぞれの料理を特徴づける項目、文化圏の特色などが推察されますが、加えて個人の思考パターンも反映されていることが具体的にみてとれます。このようにトップシェフの考え方の〝可視化〟が、進んできています。

料理の成り立ちを理解する上では、食材や調理法だけでなく、料理を作る人、個人個人が料理を作るときの「思想」を理解することが、不可欠です。つまり、「料理＝食材×調理法×思想」とあらわせるでしょう。本章の冒頭で紹介したダリの料理は、その強烈な思想や価値観があふれており、まさに料理がダリを体現しています。

時代によって、食材、調理法、思想が変わり、その結果として、料理も変化してきました。グローバル化によって大都市では世界中の珍しい食材が入手できるようになるとともに、人工培養肉などの新たな食材も登場しています。調理法に関しても、３Dフードプリンタなどのニューテクノロジーの登場によって、これまでになかった造形の料理が誕生してきました。さらに、料理人の思想も変わり、個人の

代わりにビッグデータやＡＩが考えるような料理が生まれています。食の思想については第３章で触れますが、ここでは食材や調理法、その結果である料理のそれぞれの変化について、少し紹介していきます。

（2）限られた食材、変わってきた調理法

人類史上、最も偉大な食の発明は何か

２０１５年に、イギリスの公共放送局ＢＢＣで『Back in Time for Dinner』というドキュメンタリー番組が放送されました。一般的な中産階級の５人家族が、１９５０〜90の各年代、さらに未来の食生活をタイムトラベル感覚で体験するというものです。１話放送で10年間分をカバーし、キッチン、ダイニング、リビングルームなどが正確に再現され、視聴者もその時代の料理や食べ方、時代の流れにともなう食生活の変化を疑似体験できます。特に新鮮だったのは、１９５０年代の冷蔵庫が普及していない時代に、限られた食材を使って、苦労しながら料理を作る姿でした。

２０１２年に、英国王立協会の科学アカデミーが、「食の歴史において最も重要な発明トップ20」というランキングを発表しています。ノーベル賞受賞者らの会員によって選ばれたという結果は次の通りです。

1位：冷蔵庫、2位：殺菌・滅菌、3位：缶詰、4位：オーブン、5位：灌漑《かんがい》、6位：脱穀機・コンバイン収穫、7位：焼き（ベーキング）、8位：選抜育種・品種改良、9位：粉砕・製粉、10位：鋤《すき》、11位：発酵、12位：漁網、13位：輪作、14位：鍋、15位：ナイフ・包丁、16位：食器、17位：コルク、18位：樽、19位：電子レンジ、20位：揚げ（フライング）

私たちの家庭で身近にある冷蔵庫や電子レンジのような家電用品から、灌漑、選抜育種・品種改良、鋤のような食料生産分野まで幅広い食の発明が並んでいます。しかし、トップ３の冷蔵庫、殺菌・滅菌、缶詰は、どれも「食品の貯蔵や保存」に関する発明であり、人類が食べものを安全かつおいしく保つことに、努力と知恵を働かせてきたことがわかります。

いち早く産業革命を迎えたヨーロッパですが、19世紀以前に、白いパンや肉を毎日食べることができたのは、一部のエリート層のみでした。多くの市井《しせい》の人々は、日々安定した食料を手に入れることができませんでした。しかし、貯蔵や保存技術の発明が、食料の大量供給を可能にし、それが人々に絶大な安心感をもたらし、飢餓の恐怖心を次第に忘れさせていきました。その時代に食の保存技術として画期的な発明だったもののひとつが、「缶詰」です。

〝人類の救世主〟缶詰

缶詰の原型である「瓶詰」は、1804年、フランスの菓子職人、ニコラ・アペールが開発しました。アペールは試行錯誤を繰り返しながら、「最大の注意を払い、できる限り完全に空気との接触を断ったのち加熱すると、自然な品質を保ったまま食品を完全に保存することができる」という結論に達しました。

アペールの開発した瓶詰の食品はフランス海軍でテストされ、「瓶詰スープは良質であった。とれたての新鮮な味であった」と評価されました。『グルマン年鑑』という著作を出版するほどの食通であったグリモ・ド・ラ・レニエールも、「わずかな代価で味わえる、瓶に入ったそのすばらしい美味は、冬のさなかに5月を呼び戻す」と絶賛しました。

のちに、アペールの保存原理をスズの缶に応用した「缶詰」が生まれ、イギリスのピーター・デュラントによって特許が取得されました。さらに、レトルトパウチに応用した「レトルト食品」がアメリカの陸軍ナティック研究所によって開発されました。それらは現在、地球の隅々まで行き渡っただけではなく、宇宙にも旅立って行きました。

軍隊の救世主として発展した缶詰が、一般の人の目に触れる最初の機会になったのは１８５１年のロンドン万博のロンドン万国博覧会でした。ロンドン万博の目的は、「世界中の工業製品、製造業者、農産物、芸術の世界最大のショー」として成功させ、大英帝国の偉業を世界に知らしめることでした。食品展示館の来館者は、世界中から集められたカラフルでエキゾチックな食品の数々を目にし、中でも見物者の興味を引いた展示品が、缶詰でした。缶詰は、

当時もう新しいとはいえない技術でしたが、その大部分は一般向けではなく海軍や陸軍、あるいは植民地へ送り出されていました。フォートナム・アンド・メイソンのような高級食料品店が高級缶詰を扱ってはいましたが、一般人にとって缶詰は、他国のエキゾチックな食品と同じようにもの珍しいものでした。

缶詰にされた新鮮な牛肉、マトン、サケ、タラ、牛乳、クリーム、タートルスープなどが並びました。これらはすべて、どのような気候でも長期間保存することができました。缶詰の〝万能性〟に、来場者はきっと未来を見たのでしょう。

家庭での調理を肩代わりする工場

19世紀に進展した食の工業化によって欧米人の食生活は変化し、さらに20世紀になると劇的に変わっていきました。生活水準が向上するにつれて、一般庶民でも高価だった食材を購入できるようになりました。日本でも戦後の栄養指導などによって、飢餓や栄養不足は、避けられない宿命ではなくなりました。

食の工業化は、人々に洗練された食品を提供し、食事を準備するための大変な労働を軽減することに貢献しました。調理の場が各家庭のキッチンから工場へと移行したことは社会全体に大きな影響をもたらしました。たとえば、食肉や鮮魚などは、熟練した職人が処理する方法だけではなく、工場で非熟練労働者たちが決まった作業により機械的に切り分けて、それを缶詰にしたり、冷蔵設備の付いた装置で輸送したりすることが主流となりました。

家庭での調理が、工場での加工に置き換えられたことで、食生活は一変し、どんどん便利になっていきました。その流れは、現在も加速しています。しかし、その代償として、人はそれまでにないさまざまな課題を抱えるようになりました。健康の問題、食品廃棄物の問題、コミュニケーション損失の問題などです。健康問題でいえば、肉や油、砂糖などがたやすく入手できるようになったことで、心臓病や糖尿病、肥満などが生じやすくなりました。食と健康に関する詳細は第２章に譲り、料理の進化をさらに見ていきましょう。

（3）食材の拡散により誕生し、洗練され、融合する料理

香辛料や砂糖がもたらした料理革命

食の保存法や工業化が、料理を時代とともに変えていく以前に、ひとつの食材の拡散が、

料理をダイナミックに変えていく歴史がありました。その代表格が、香辛料と砂糖です。その〝略歴〟を振り返ってみましょう。

コショウやクローブ、ナツメグといった香辛料の世界的な消費量が飛躍的に増えたのは14世紀に入ってからのことです。もともとこれらの香辛料は、現在のインドネシアなどにある東インド諸島のごく限られた土地でのみ生育していました。15世紀に「大航海時代」の幕が開け、ヨーロッパ人は大挙して新大陸やアジアに進出していきましたが、彼らを大航海時代に駆り立てた動機のひとつが、この香辛料の需要の増大でした。

中世から近世の初めにかけて、ヨーロッパの地方の食生活は、気候による制約が多く、食べられるものは、野菜や穀物のほかには塩漬け肉、塩乾魚《えんかんぎょ》などでした。塩漬け肉は、日が経つにつれて劣化するため、腐敗臭がしますが、春までは、その肉を食べなければなりませんでした。そのため、強力な防腐剤や臭い消しが必要でした。そのため、香辛料は、冷蔵技術が未発達であった中世において、料理に欠かすことのできないものでした。香辛料には、矯臭《きょうしゅう》効果や抗菌・防腐・防虫作用があったため、大航海時代に食料を長期保存し、おいしくするためのものとして珍重されました。

香辛料は、当時「万能の薬」として、生活に大切なものでした。さらに、支配者は領民に香辛料を与えることで、自分の権威や富も維持できたため、それは国内を安定させるひとつの道具でもありました。

肉に添えられた香辛料は、口の中に刺激を与えました。その感覚は、一種の依存症状を呼び起こし、人々は香辛料なしではいられなくなりました。現在でも香辛料はさまざまな料理に使われ続けており、いかに人をとりこにするかがわかります。

しかし、そんな香辛料の需要は、17世紀頃から下降線をたどりました。さらに魅力をもつ食材が現れ、〝ブーム〟となったからです。それが、砂糖でした。砂糖の利用は、18世紀に高まり、１７５０年頃には、穀物をしのぐ「ヨーロッパ貿易で最も貴重な商品」となりました。初めのうちは、お茶に入れる用途などで使われましたが、のちには砂糖を使ったお菓子やチョコレート（当時は飲みものとして楽しまれていた）が大人気となり、さらにジャムなどにも使われるようになっていきました。

チョコレート、コーヒー、茶は、原産地では苦いまま甘味料なしで飲まれていましたが、これらの飲料がヨーロッパで流行したのは、砂糖が大きなブームとなった時期と一致します。つまり、３種の飲料の飛躍的な発展に、砂糖が大きな役割を果たしたのです。日本でも長崎の出島で通常の商取引から外れた大量の砂糖が長崎街道、通称「シュガーロード」を通じて街道筋に広がっていき、各地の文化と風土を取り入れ、個性あるお菓子が開発されていきました。

香辛料や砂糖といったそれ自体はシンプルな食材の拡散が、その土地その土地でのさまざまな飲みものや食べものの発展へとつながり、現在の私たちが食べているおいしいものへと受け継がれています。

「ヌーヴェル・キュイジーヌ」は、何が新しかったのか

食の歴史の中で、大きなインパクトを与えた香辛料や砂糖ですが、「ヌーヴェル・キュイジーヌ」の登場によって、その食卓での存在感は次第に薄くなっていきました。

17、18世紀以降の近代になると、貴族階級が牽引《けんいん》してきたヨーロッパの料理の流れは、香辛料をふんだんに使ったものから、シンプルで自然なものへと移行しました。それが「ヌーヴェル・キュイジーヌ」です。ヌーヴェル・キュイジーヌという言葉は、１９７０年代にも盛んに使われましたが、１７４２年に出版された『新料理概要』で初めて登場しました。フランス語で「新しい料理」を意味しますが、何が新しいのかと問われれば、「洗練の追求」が、その答えのひとつでしょう。

近代初期には中産階級の家庭でも手に入るようになった香辛料は、貴族の社会的威信を示す道具としての役割を失っていきました。すると貴族は、自らの特権的な地位を保つために、「洗練の度合い」に重点を置くようになりました。

食べものの流通の発達によって、目新しい食材が新鮮な状態で手に入るようになり、料理や給仕の方法が変化していきました。中世のフランス料理では塩気のあるものや甘いものが一皿に雑然と混じっていましたが、それらが別々に分けられ、デザートが食後に出されるようになりました。巨大な肉のグリルの代わりに、フライパンで調理された小ぶりな肉料理が主流となり、調理の過程で出てくる肉汁を煮詰めてソースを作るという手法も生み出されました。また、18世紀には、貴族階級の食卓で消費される肉の種類や量は減る一方、野菜が占める割合は増えていったことがわかっています。

近代化とともに、洗練された料理を良しとする方向は、フランスだけでなく、イギリスなどヨーロッパの他の国でもありましたが、その洗練の度合いは国によってまちまちでした。同様に、料理が磨かれるプロセスは、日本にもありました。

17世紀初め、日本では江戸時代が始まり、戦国時代には戦士であった侍が官僚へと変わっていきました。江戸時代は、表向きは社会の下層だった商人が、経済的繁栄をもたらした一方、定額の俸禄《ほうろく》、給与で生活する侍たちは、インフレの影響を受けて次第に財力を失っていきました。社会における地位、富、権力の関係は混乱しましたが、大衆文化が栄え、それが、蕎麦、天ぷら、うなぎの蒲焼、にぎり寿司など活気あふれる庶民の料理の誕生へとつながっていきました。

日本料理は熟練した包丁さばきに重きがおかれますが、江戸時代になってから魚をそぎ切りにし、皿に盛り付け、一切れずつ醤油につけて食べるようになりました。魚のおろし方、盛り付け方など、料理の芸術性が次第に高まっていったのも江戸時代でした。「料理しないことが料理の真髄である」という禅の格言もこの時代に生まれました。茶道が商人などの習い事として広く普及し、茶の湯での料理、懐石《かいせき》が確立していったのもこの時期でした。

宮中の様式であった、一人ひとりのお膳に料理を並べる様式が一般庶民にも取り入れられるようになりました。18世紀には門外不出とされていた料理流派の秘伝が世間に広まり、『豆腐百珍』のような大衆的な料理書とも競い合うようになりました。ヨーロッパの高級料理が、貴族から庶民へと一方向に降りていったのに対し、日本料理は、ビラミッド型社会を上下しながら、食の改革が進んでいきました。

古今東西問わず、特権階級出身であろうと、一般大衆出身であろうと、料理は時代とともに研磨され、シンプル化する傾向があります。

〝多様性〟と〝均質性〟のパラドックス

近代以降、輸送技術の発展もあり、穀類や砂糖などの食材が世界の隅々まで広まり、地球規模でみると食生活が「均質化」されています。

国際農業研究協議グループ（CGIAR）が調査した1961年から2009年の48年間における各国の「食習慣の変化」によると、世界全体で他国との「食習慣の類似度」が、平均で36パーセント高まっています。世界的な傾向として、小麦、米、トウモロコシ、砂糖、搾油作物、動物性食品からのカロリー摂取が増え、キビやアワなどの雑穀、ライ麦、キャッサバやヤムイモといった芋類の消費量は減っています。特に変化の著しい地域は、サハラ砂漠以南のアフリカやアジアの国々です。食生活が最も大きく変化した国はイエメンで、約50年間で食習慣の類似度が50パーセント以上も高まりました。一般的に、食生活の均質化、画一化が進むことで、一定水準の食を得られるようになる一方、作物の不作などの影響を受けやすくなることや、世界中で伝統的な食生活を衰退させることなどが指摘されています。

ひとつの食材が世界中に広がることで、各地でその食材を使った料理のバリエーションが増え、「多様性」が増大します。またその一方で、世界中で同じような食材が食べられるようになり、「均質性」も増します。この多様性が広がることと、均質性が浸透していくことは、一見矛盾しているように思えます。未来の料理を考える上で、この多様性と均質性をどのようにとらえればいいのでしょうか。

福井大学の細谷龍平氏は、ハンバーガーのグローバル化とローカル化から、食の多様性と均質性の関係を解説しています。世界で100カ国以上に展開するファストフードチェーンの代表格であるマクドナルドは、1971年に日本に進出しました。その翌年1972年には、日本ブランドの初のハンバーガーチェーンであるモスバーガーが誕生。モスバーガーは、マクドナルドと差別化するため、日本人の好みにあったハンバーガーを提供することを掲げて、1973年に「テリヤキバーガー」の販売を開始しました。さらに、日本国内では沖縄でゴーヤーバーガー、韓国ではキムチバーガー、インドではベジバーガーが生まれ、ハンバーガーの中に多様化が起きました。つまり、「均質性の中の多様化」です。

これらのバリエーションの中で、テリヤキバーガーは、日本マクドナルドも追随し、やがて他の各国にも「サムライバーガー」や「将軍バーガー」などの別名で広まっていきました。今度は、テリヤキバーガーという日本の中でバリエーション化したものが世界で均質化して

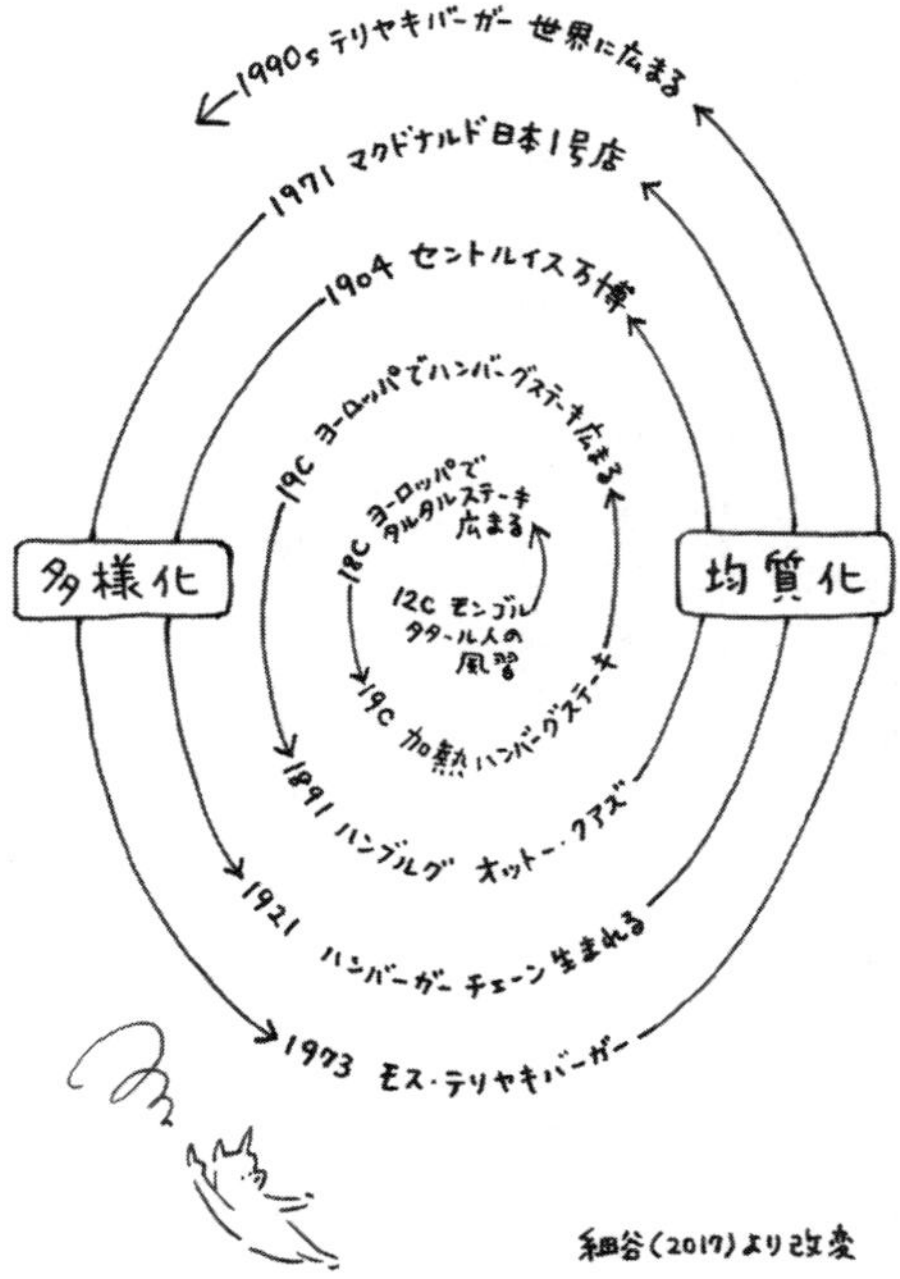
1990s テリヤキバーガー 世界に広まる
1971 マクドナルド日本1号店
1904 セントルイス万博
19C ヨーロッパでハンバーグステーキ広まる
18C ヨーロッパでタルタルステーキ広まる
12C モンゴル タタール人の風習
19C 加熱ハンバーグステーキ
1891 ハンブルグ オットー・クアズ
1921 ハンバーガーチェーン生まれる
1973 モス・テリヤキバーガー
多様化
均質化
細谷(2017)より改変

いきました。これは、「多様性の中の均質化」といえる現象です。

ハンバーガーの歴史をさらにさかのぼれば、その原型は、ハンバーグステーキをパンに挟んだ料理でした。そのハンバーグは、ドイツのハンブルクで1891年にオットー・クアズという人が作った説があり、それが正しいとすれば、ハンバーガーの元祖はおそらくハンブルクの港から出航したドイツの水兵か移民がアメリカにもたらしたと推測されます。

そのさらに前にさかのぼれば、19世紀頃に、ヨーロッパで挽肉を加熱せず、生でタルタルステーキと称して食べ始めた時代があり、さらにその起源は、12世紀頃のモンゴル帝国の遊牧民タタール人の馬肉料理に辿ることができるのではとされています。

このようなハンバーガーの開発にまつわる歴史をひも解けば、「均質性の中の多様化」と「多様性の中の均質化」が、順繰りに派生する循環の構図が浮かび上がってきます。しかもこのらせんには終わりがなく、永続的に繰り返すプロセスであると考えられます。「多様性と均一性の循環サイクル」は、ハンバーガーに限らず、他の食べもの、さらに食べもの以外の文化的事象、ライフスタイルや風習、社会慣行や規範など、人間が関わる社会事象全般に働きうるプロセスでしょう。

現在　現在の料理の背景にあるもの

（１）料理界における科学の勃興

料理における科学的世界観

料理は、大げさにいえば、作る人やその人がいる時代の「世界観」の影響を受けます。現代は、これまで人々の世界観の中心だった「宗教」が衰退し、そのかわりに「科学」が繁栄している時代ともいわれます。実際、今現在も新しい科学・技術が、私たちの社会や生活を急速に変えようとしています。一般家庭に、ＡＩやロボットが導入され、家事を代行することも絵空事ではなくなりました。そうした背景もあり、人々の関心は依然として、科学・技術に集まっているとも言えます。

料理の「おいしさ」という概念においても、科学がひとつのキーワードになっています。以前は、料理のおいしさを語る上で、こだわりの食材やプロの調理人の技に人々の目が向けられることが多かったのですが、最近では、加熱温度による食材の化学的変化など、科学的な説明に需要が集まり、料理と科学に関する書籍もたくさん出版されるようになりました。

また、ハイエンドな料理の世界でも、科学実験の道具を駆使した料理、3Dフードプリンタを使った食べものなどが登場しています。家庭用の調理家電においても、経験則だけでなく、より科学的な視点に基づいて開発が行われています。「科学や技術によって料理をおいしくする」という考え方は、プロの世界だけでなく、一般の人々にも広がっています。そもそもなぜ、宗教が衰退し、科学の考えが隆盛に向かったのでしょうか。これは進化心理学の観点から説明が可能です。

ヒトの脳は、ある出来事の原因と結果の「因果関係」を認知する能力を高めて進化してきたといわれています。すなわち、ヒトはあらゆることに関係性を見出そうとし、それをもとに「未来を予測する能力」に磨きをかけました。しかし、限られた知識では、うまく関係を理由付けできないこともあります。そうしたヒトの脳の特殊な能力のいわば副産物として、宗教という体系が生み出されました。しかし、それが次第に、科学や技術の知識によって、現象の因果関係が説明できるようになってきたため、宗教的なものの比率は低くなっていったのではないかというのが、進化心理学の考えです。食と宗教も含めた心の話は、第3章でまたお話ししましょう。

料理の世界で、科学の存在が特に大きくなっていったのは、１９８０年代後半くらいからです。「分子ガストロノミー」または「分子料理法」という言葉や、それらの手法による斬新な料理が登場し始めたのがその頃です。〝分子〟という言葉は、物理学、化学、生物学、工学などといった科学的な視点を意図しており、科学的な手法によって、新しい料理を創造しようとする取り組みから名づけられました。また、20世紀の終わり頃から、物理化学者たちの間で、料理のおいしさを分子レベルで研究する動きが活発化し始めました。

近年の料理と科学がお互い接近してきた経緯をみると、誰の目線でみるかによってとらえ方が大きく異なってきます。料理人からみた「科学」、科学者からみた「料理」、それぞれの立場に分けて考えてみましょう。

料理人からみた「科学」

科学、料理という2つのキーワードで有名なのは、スペインのカタルーニャ地方にあった伝説のレストラン「エル・ブリ」と、そのシェフ、フェラン・アドリア氏でしょう。

食材を泡にする調理法「エスプーマ」は、エル・ブリで開発され、その後世界に広まりました。これは、生クリームや卵白を泡立てたムースから着想を得たもので、初期のエスプーマの調理器具は、ソーダを作る器具を使って作られました。この調理器具は、空気の力だけで素材を泡立てることができるため、通常は泡立たない食材を使って泡の料理が作れるようになりました。

エル・ブリは、「人の五感すべてに働きかけ、さらに、〝人の脳をびっくりさせる〟料理」「食材の味や香りを失わないまま胃袋にもたれない料理」を信念としていました。アドリア氏らはそれを叶えるために、従来の調理器具や調理方法の枠にとらわれず、これまで料理には使われていなかったような道具や手段を導入しました。ソーダサイフォン、減圧調理器具といった当時の最新鋭機器から、フラスコやスポイトなどの実験道具まで、さまざまな道具が使われました。食材を粉砕したり泡にしたりすることで、食材の特徴を引き出し、料理の味や香り、見た目や食感を自在に変化させたメニューを考案しました。

エル・ブリのキッチンには、実験室で使うような器具や技術があったため、多くの人にとってそこは、〝科学的な世界〟にみえました。しかし、テクニックに〝実験的な〟手法を使うことと、それがサイエンスであることは同じではありません。アドリア氏の目的は、料理の科学的原理や現象を解き明かすことではなく、あくまでもその技を応用して創造的な料理を生み出すことでした。

科学者からみた「料理」

一方、フランスの物理化学者エルヴェ・ティス氏は、１９８８年に「分子ガストロノミー」を提唱したことで知られています。

ティス氏はシェフと協力し、科学的視点から調理における興味深い事実を発見し、また新たな調理法も開発しました。ティス氏の一貫した主張「分子ガストロノミー」は、「技術ではなく科学であり、新しい食材、道具、手法を用いて斬新な料理を創る技術とは異なる」というものでした。「分子ガストロノミーの主な目的は、現象のメカニズムを見出すことであり、シェフは分子クッキングを行っているかもしれないが、分子ガストロノミーは行っていない」とティス氏は明快に語っています。

このような主張は、結果としてシェフの分子ガストロノミーへの貢献を軽んじることになり、分子ガストロノミーとシェフたちとの間に軋轢を生じさせました。２００６年には、フエラン・アドリア氏などのシェフ数名が、「自らの料理のアプローチは分子ガストロノミーとは一線を画す」とわざわざ共同声明を出すほどでした。

このような経緯もあり、料理界からは、「分子ガストロノミー」という言葉がしだいに消

えていきました。しかし、シェフたちは科学の知識や新しい技術に別れを告げたわけではありません。むしろ、意欲的なシェフたちの間では、今後の新しい料理の発展にとって、科学や技術は避けて通れないという考えがより一層大きくなっています。

（２）エビデンスに基づいた料理の解明と開発

料理と科学の出会い

私は２０１４年に『料理と科学のおいしい出会い　分子調理が食の常識を変える』という本を書かせていただいたことがきっかけとなって、２０１６年に有志で「分子調理研究会」を立ち上げました。その研究会などを通じて、多くの料理人や食に関わるさまざまなジャンルの方々と交流させていただく機会を得ました。

プロの料理現場では、仕事内容の性質上、技術の導入に尽力し、調理過程における科学的な理解は後回しになってしまう、というお話をよくお聞きします。

新しさが求められる料理界において、驚きのある一皿を完成させるために、厨房では常に試行錯誤がなされています。料理人が、調理による食材の科学的変化、添加物の科学的性質など、基本の原理をあらかじめ知っておくことは、より合理的にゴールに向かえるだけでなく、うまくいかない場合の対処、再現性の向上、さらには料理人の発想も後押しします。新しい料理の開発につながる点でも、とても重要です。

科学者側は、調理における現象を、料理人や一般の方にいかにわかりやすく正確に伝えられるかという課題に直面しています。さらに、料理の基本原理にはまだ明らかになっていないことも多いため、科学者側は、個人または集団で、さらなる調理の基礎研究や、おいしい料理の科学的根拠（エビデンス）の探求を進めていく必要性も強く感じています。

新しい技術を使った食は、他の分野以上に、人の心理的なためらいがはっきりあらわれることがあります。食べものは身体に取り込まれるため、安全が大前提にあり、よくわからない、理解できないものへの抵抗は当たり前の反応です。そのため、社会に対する、料理の科学と技術のクリアな説明や啓蒙はとても重要になってきます。それには、料理人や科学者だけの活動では不十分です。教育関係者、デザイナー、編集者、ライター、メディアなど多くの〝広く伝える仕事〟をされている方々に、社会における科学・技術の重要性や、食のおいしさや新しさの重要性を気にかけてもらうことが必要だと感じています。

分子調理学と分子調理法

「料理と科学」の良好な相性は、料理の未来を考える上で不可欠です。「分子調理」という

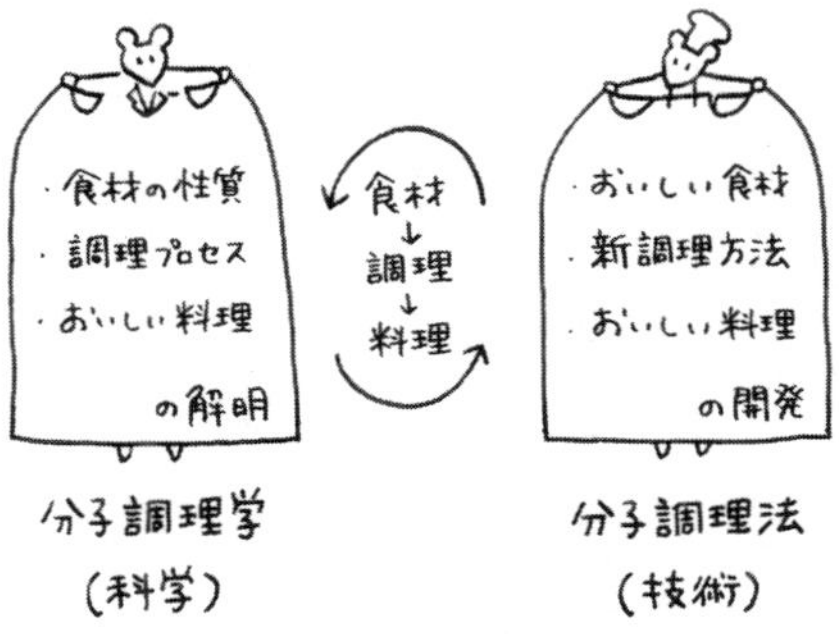

言葉の定義は、その関係性をあらわしています。

「分子調理」は、科学すなわち「分子調理〝学〟」と、技術すなわち「分子調理〝法〟」で構成されています。「分子調理〝学〟」は、「食材→調理→料理」のプロセスにおいて、食材の性質の解明、調理中に起こる変化の解明、おいしい料理の要因の解明などを分子レベルで行う〝科学〟です。それに対して、「分子調理〝法〟」は、おいしい食材の開発、新たな調理方法の開発、おいしい料理の開発を分子レベルの原理に基づいて行う〝技術〟です。

分子調理〝学〟と分子調理〝法〟は、互いに影響し合い、科学の分子調理〝学〟で発見した科学的知見が技術の分子調理〝法〟へと生かされ、また反対に、分子調理〝法〟によって生まれた新しい技術から分子調理〝学〟における新たな知見が引き出されるといったように、刺激し合うことでお互いが活性化し、循環します。

料理人と科学者がお互いの領域を共有することが、料理に驚異的な展開をもたらすのは、これまでにあった「料理と科学のチームプレイ」を振り返って強く感じることです。お互いの専門性を尊重しつつも、相手の専門を深く理解しようとする気持ちが、料理を次のステージに引き上げていくでしょう。

「スペース・チャーハン」

分子調理の各論として、宇宙時代を見据えた調理と料理を空想してみましょう。

地上でチャーハンを作る場合は、中華鍋の中でごはんを油で炒めながらパラパラにしていきます。宇宙の無重力状態では、ごはん一粒一粒を浮かせて、その表面に薄い油を張らせ、対流させた熱風などを粒の表面全体に適度に噴き当てることで、通常のごはんよりもふわり、パラリと仕上げることができるかもしれません。

また、宇宙空間では水も油も細かい粒になったまま、均一に分散するため、卵の卵白と卵黄を混ぜると地上では不可能な状態で均一化するでしょう。宇宙空間で混合されて完全に乳化した卵を、超パラパラごはん一粒一粒にまとわせ、全方向からまんべんなく加熱することができれば、乳化（水分と油分が混じり合った状態）が尋常《じんじょう》ではなく、卵が完璧にコーティングされた誰も見たことのない香り高い卵チャーハンができるのではないでしょうか。

もちろん地上に持ち帰ったら重力でつぶれてしまうので、作るのも食べるのも宇宙空間限定の料理です。ごはん粒や卵が宇宙空間で飛び散らないような、作り方と食べ方が必要です。宇宙レストランで文字通り、地域限定の「スペース・チャーハン」のようなものが名物料理になるかもしれません。「無重力調理」が発達し、やがて地上でもその手法が使われるようになり、新しい料理の開発に貢献する可能性も考えられます。

（3）21世紀版「食材ハンター」

グルメの世界の〝食材ハンティング〟

高級料理の世界で、世の中にない新しい料理を作り出そうとするとき、世界中で同じような食材が比較的簡単に入手できるようになってきた現在では、食材だけで勝負するのはなかなか難しくなってきました。近年まで日本料理特有の柑橘類であった柚子《ゆず》も、フェラン・アドリア氏によってその知名度が広められ、その後、ＹＵＺＵフレーバーがちょっとしたブームとなりました。

　昔の大航海時代も、コロンブスが、新大陸の南北アメリカ大陸からトマト、ジャガイモ、唐辛子、カボチャ、トウモロコシなど多くの野菜や穀物をヨーロッパに持ち帰りました。それらの食材は、やがて世界じゅうに広まり、大規模な食卓革命を引き起こしました。

　現在もそのような〝食材ハンティング〟が、世界中で行われています。世界的に有名なデンマークのレストラン「ノーマ」のシェフ、レネ・レゼピ氏らが立ち上げた「Nordic Food Lab（ノルディック・フード・ラボ）」は、地元の北欧にあるものから、新たな食材探しを精力的

に行っています。たとえば、白樺《しらかば》や松の樹皮を採集し、乾燥、粉砕、ふるいにかけて粉にし、素朴なパンを作りました。日本では意外な感じがしますが、白樺の粉を使ったパンは、何世紀にもわたり、スウェーデンとフィンランドの先住民の間で作られてきた歴史があります。ほかにも樺の木の芽、野草や昆虫などを集め、地元に眠っている〝食材〟を生かした料理を作り出しています。

人類の狩猟採集を振り返ると、「これを最初に食べた人はすごい」と思える食材は、数多くあります。すぐに思いつくものだけで、ナマコ、タコ、カニなどがあり、きりがありません。私たちが今普通に食べているトマトは、16世紀に南米からヨーロッパに持ち込まれたとされていますが、食べられるようになったのは、18世紀になってからです。その間の約２００年間、トマトは観賞用で、有毒だと考えられていました。私たちが今、おいしい料理にありつけるのも、先人たちの無謀な好奇心、とりあえず食べてみようという、命知らずの精神のおかげかもしれません。

古くて新しい食材、昆虫

私の研究室では、「昆虫食」の研究を行っています。中でも日本特有の歴史ある昆虫食であるイナゴを、現在の科学的視点から見つめ直し、おいしさ、健康増進、完全養殖化に関する基礎的知見を集積しています。

２０１８年、中国の武漢で「第2回国際昆虫食会議」が行われ、参加してきました。２０１４年にオランダのワーゲニンゲンで第１回が行われて以来の開催で、昆虫食の生産、加工、流通、政策、ビジネス、マーケティング、倫理、健康、消費者意識など、多岐にわたるテーマを網羅した充実ぶりでした。昆虫食会議は、他の学会等と比べて〝ギラギラした〟雰囲気が漂っており、昆虫食ビジネスが本格的に伸びていく未来を肌で感じました。

先進国の多くで昆虫食が注目を集めるようになったのは、２０１３年、国際連合食糧農業機関（ＦＡＯ）が、将来不足することが予想される畜産物などの動物性タンパク質の代替食品として「昆虫」を推奨したことがきっかけでした。ＦＡＯが昆虫を推奨する理由には、すでに世界中で１９００種以上の昆虫が伝統的に食べられていること、飼料転換効率（食べる量に対して自分の体重が増える比率）が高いこと、報告されている昆虫の多くが高タンパク質であることなどが挙げられています。会議上での熱気を浴びると、ＦＡＯの報告によって世の中の人たちは、「昆虫食が、世界の食料問題の答えになる」と気づいてしまったような感覚になりました。

日本のニュース等で見る昆虫食は、センセーショナルな見出しや新規食料資源的な視点によるものが多く、食材としての特徴、調理法、食べ方などについての視点は少ないと感じます。私の昆虫食研究のゴールのひとつは「昆虫食の普通化」、すなわち食材の選択肢のひとつとして昆虫を扱えるようにすることですが、たとえばイナゴは、佃煮などへの利用に限定されている傾向があります。

一方、海外では昆虫食に関して先行している部分が多く、昆虫を通常の食材として扱った一般の人向けの料理本がたくさん出版されています。たとえば、前述したノルディック・フード・ラボによる昆虫レシピ本『On Eating Insects』では、昆虫を食べることの文化的、政治的、生態学的な意義と、テイスティングノート（実際に食べた感想）やレシピが、美しい写真とともに掲載されています。アート性も高い昆虫料理本で、部屋に飾りたくなるようなデザインです。

ある食材を人々に浸透させるには、人の感性に訴えながら、その国の食文化にしっかり根ざした料理にその食材を使っていくというのが、効果的な方法のひとつでしょう。その意味で、多くの人の目に止まりやすい料理レシピの役割は重要です。

前述したノーマが、２０１５年に日本で期間限定店を開店するまでの日々を追ったドキュメンタリー映画があります。タイトルは、『Ants on a shrimp（日本語タイトル：ノーマ東京）』というもので、コース料理に提供された、ボタンエビに長野県産のアリをトッピングした料理（料理名：〝長野の森香る海老〟）にちなんでいます。映画の中で、ノーマのシェフたちが、食材探しに日本各地を訪れた際に、地面を這うアリをつまんで味見しているシーンがあります。

アリには、アリ特有の成分、〝アリの酸〟と書く「蟻酸《ぎさん》」が含まれています。蟻酸は、刺激性のある独特のにおいがするため、いってみれば、他の食材には代えがたい〝薬味〟のような役割を果たすことができます。昆虫食は、未来の食料源という視点だけでなく、新たな食経験を生み出す新たな食材という視点でも、注目される可能性があります。

「培養肉」の取扱説明書

人工的に〝肉を育てる〟ことで、家畜を飼うことなく、食肉を手に入れる時代はやってくるのでしょうか。特定の細胞を抽出・培養し、得られた肉の塊を食肉とする「人工培養肉」が、現実化してきています。

専用の施設の中だけで作ることができる培養肉は、食料不足や環境問題など、現代の畜産業では対応しきれない、あるいはそれによって引き起こされている多くの問題を解消するのに役立つとみられています。さらに将来、人類が火星や月に長期滞在できるようになったとき、食べものを得るために、培養作業を主体とした「細胞農業」といった分野が発展する可能性もあります。

２０１３年、オランダのマーストリヒト大学の生理学者マルク・ポスト氏らが、牛の幹細胞を培養し、３カ月かけて作った2万本もの筋肉細胞に、パン粉と粉末卵を加えて味を整え、１４０グラムの牛肉パテを作ったことがニュースになりました。課題は、培養にかかるコストです。オランダで作られた人工培養肉バーガー1個の製作にかかった費用は、約３５００万円でした。細胞が育つために、高価な成長因子を外部から添加する必要があったためです。

日本のインテグリカルチャー株式会社では、成長因子を添加せずにさまざまな細胞を大規模に培養できる「汎用大規模細胞培養システム」を開発し、消費者の手の届く価格帯で提供することを目指しています。ＣＥＯの羽生雄毅氏は、１００グラムあたり60円で、２０２０年代半ば、遅くても後半には、スーパーマーケットなどで人工培養肉を販売することが目標と話しています。

人工培養肉の開発対象としては、牛や豚だけの家畜だけではなく、サケなどの魚も研究されています。さらなる技術革新が進めば、「赤身と脂肪を自在にコントロールした肉」「絶滅が危惧されている魚肉の培養」など、応用できる対象は広くなるでしょう。一部のベジタリアンや動物愛護団体からも賛同を受けているように、環境に優しいことから、人工培養肉は「クリーンミート」とも呼ばれています。風味や食感、栄養面に優れること、安全性や衛生的に問題がないことが証明できれば、「新たな食料生産時代」がやってくるかもしれません。

その一方で、不気味さを込めて、人工培養肉を「人造肉」、培養肉のビーフハンバーガーを「フランケンバーガー」と呼ぶ動きもあります。これまで見たことのない食品に対する不安感、人が〝造った肉〟に対する嫌悪感や拒絶反応があるとわかります。遺伝子組換え技術による食品が、長い年月を経ても社会で十分に受け入れられていないのと同じ構図です。

食のテクノロジーの難しいところは、単に内容が優れていれば、普及するものではなく、いかに消費者に理解され、受け入れてもらえるかが肝《きも》になるということです。食はどんなものであっても、食べる人がいて初めて成立します。テクノロジーの発展を追うように、食卓にも私たちの想像を超える食べものが次々と登場してくるでしょう。目の前に出された驚きの食をどう見るかは、私たち一人ひとりが判断することです。

未来　未来の料理のかたち

（1）「未来食」のヒントはここにある

宇宙食の〝普通食化〟、普通食の〝宇宙食化〟

1961年に人類最初の宇宙飛行をしたのは、ソ連のユーリ・ガガーリンですが、その飛行時間は短かったため、食事をとる必要はありませんでした。軌道上で初めてものを食べた人間は、その4カ月後に約1日の飛行をした、同じくソ連のゲルマン・チトフでした。

当時は、宇宙の無重力下で、人が食べものをうまく飲み込めるかわからなかったこともあり、一口サイズの固形食や練り歯磨き粉のようなチューブ入りのクリーム状、ゼリー状の食べものが開発されました。このイメージが一般の人にとって強烈だったため、長い間、宇宙食というとチューブ食をイメージさせる原因となりました。

現在の宇宙食は、私たちのふだんの食事とほとんど変わらない内容になっています。日本の宇宙航空研究開発機構（JAXA）は、食品メーカーの提案する食品を評価し、「宇宙日本食」としての認証を行っています。これは、日本の家庭で通常食されている範囲を対象としており、今までに認証された食品には、カレーやサバの味噌煮なども含まれています。

前にスペース・チャーハンのお話しをしましたが、無重力下では細かくバラバラになるような食べものは、あちこちに散っていってしまいます。パンは欧米で欠かせない主食ですが、パンくずが機器の中に入り込み故障や火災の原因になるとして、宇宙船内への持ち込みが禁止されています。このため、パンの代わりとして、特別な加工をしたトルティーヤなどが食べられています。２０１５年、米国の宇宙飛行士テリー・バーツ氏は、そのトルティーヤに、ビーフパテ、トマトペースト、チーズペースト、マスタードペーストをはさんで「スペース・チーズバーガー」と名づけ、ＳＮＳなどで話題を呼びました。

かつて、宇宙飛行士が、無断でサンドウィッチを宇宙船に持ち込んでしまったという〝珍事件〟がありました。１９６５年、米国のジョン・ヤング氏は、離乳食のような食事に不満をもち、アメリカ航空宇宙局（ＮＡＳＡ）に内緒でコンビーフサンドウィッチを船内に持ち込みました。ヤングの行為は大問題となりましたが、宇宙飛行士の生活に食事の質がとても大切であることを知らしめ、その後、宇宙食開発が革新的に進歩することにつながりました。今では、国際宇宙ステーション（ＩＳＳ）の中でパンを焼き、焼きたてのパンを食べられるようにするプロジェクト「Bake In Space」も進行しています。

巨大プリン
(JAXAの
サイトより)
いつまでも
つぶれない
球体スフレ
超エスプーマ

これまでの宇宙食の技術は、私たちの日常生活に還元されています。レトルト食品、凍結乾燥食品、HACCP（微生物管理）といったものは、NASAで開発された宇宙食技術であり、今では私たちのふだんの食生活になくてはならないものになっています。さらに、宇宙食の開発は、災害食、介護食、機能性食品で活用されることも期待されています。「宇宙食の普通食化」と「普通食の宇宙食化」が同時に起こっているといえるでしょう。

「完全食」の台頭

1973年に公開された『ソイレント・グリーン』というSFサスペンス映画があります。ネタバレになってしまいますが、人口増加によって食糧不足にあえぐ2022年の世界で、配給されていた合成食品が、人間を原料にしていたものだったというストーリーです。その映画にちなんで名づけられた「ソイレント」が、2015年に米国で販売されました。これは人間に必要な栄養素をすべて配合した合成食品で、いわば「完全食」です。現在、日本でも同様のコンセプトの液体食やグミ、パスタなどが販売されています。「食べる時間がない」「食べるのが面倒」「食事から栄養素を摂れない」などという場合には、手っ取り早く必要な栄養素がまんべんなく摂れる完全食は、ある意味、理想的な食事です。

この完全食は、１９６６年に発表された星新一氏のショートショート小説『禁断の命令』の中にも登場しています。

２０６０年、一般的な独身サラリーマンであるエヌ氏は、工場で合成された栄養ある食料を食べて暮らしています。ある朝、ＡＲＣ５というボタンを押して、銀色の小さな蛇口から出る「ちょっと甘く、すがすがしい味で、静かなかおりがする五度の温度の飲み物」をコップで飲み、ＢＳＱ35というボタンを押すと、皿の上に盛られた「緑色をした塩味の、ゼリー状の食品」をスプーンで食べます。十分な栄養が摂取でき、満足感が得られれば何でもいいという気持ちでいたエヌ氏でしたが、隣人の料理の考古学の研究をしているリイ博士から預かったロボットから〝むかしの料理〟の「おでん」について聞き、「自分も百年ほど前に生活していたら、会社の帰りに食べていたのだろうな」と好奇心を抱きます。

未来には、さまざまな形態の完全食が登場することが予想されますが、一品や一口ですむ完全食だけの食生活、あるいは完全食と〝料理を楽しむための食事〟とのバランスを取った食生活が食卓の風景になるかもしれません。

『ドラえもん』で描かれる未来ごはんの〝普通さ〟

私が子どもの頃、ＴＶアニメの中で描かれていた「未来の料理」は、カード食やチューブ食、カプセル食のように人工的で無機的なイメージのものや、電子レンジのような〝メカ〟からいきなり完成品が登場するものでした。

長期休みの期間には『ドラえもん』の映画が上映されていました。異世界を冒険することが多い映画版『ドラえもん』では、のび太たちはその世界で何日も過ごさなければなりません。彼らが冒険を続けるには食べることが必要で、食事のシーンがよく描かれています。

なかでもよく覚えているのは、１９８３年に公開された『のび太の海底鬼岩城《きがんじょう》』で、海底に張ったテントで食事をする場面です。ドラえもんのひみつ道具「海底クッキングマシーン」に各自が食べたいものを書いたカードをセットして３分間待つと、お子さまランチ、パンケーキ、カツ丼大盛り、フィレミニョンステーキのレア、どら焼きなど、何でも出てくるというものです。そして、その料理の食材は、海にいるプランクトンを原料にしているという〝からくり〟が明かされます。

今だけでなく、おそらく未来もカツ丼を食べたくなることがあるでしょう。しかし、その原料や作り方は大きく変わるかもしれません。細胞やプランクトンを培養した人工肉を使ったり、すべてをロボットが調理したり、３Ｄフードプリンタで一から形作られたりするカツ丼は、案外と近い未来に目撃するかもしれません。見た目は同じであっても、その料理ができるまでの〝アプローチ〟は今とは全く違うというのが未来の料理のひとつでしょう。

（２）３Ｄフードプリンタの衝撃

ＮＡＳＡが注目した理由

３Ｄフードプリンタに注目が集まるきっかけになったのは、２０１３年、ＮＡＳＡが、３Ｄフードプリンタを開発する企業に多額の助成金を提供したことでした。その事業内容は、３Ｄプリント技術とインクジェット技術を使い、インクジェットカートリッジに乾燥したタンパク質や脂肪などの主要栄養素や香料などをセットして、ピザなど、さまざまな形や食感の食べものを出力するというものでした。

ＮＡＳＡが着目したのは、食を３Ｄで〝プリントアウト〟する技術が、宇宙に長期滞在する飛行士向けに役立つのではないかという点です。

食事は、単なる栄養摂取だけではなく、味わうことで精神的な満足が得られ、人々のパフォーマンスの維持・向上につながる側面があります。このことに、テクスチャーは重要な働きをしています。3Dフードプリンタの大きな特徴は、食を立体的に作れることであり、それは多種多様なテクスチャーの食品を生み出せる可能性があるということです。

また、3Dプリンタは、複雑な立体構造を容易に作ることができることに加えて、「誰でもどこでも作ることができる」というメリットも有しています。つまり、宇宙空間という限られた場所、宇宙飛行士という限られた人、限られた食材という〝とことん限られた状況〟であっても、3Dフードプリンタであれば食事を作れるということです。

このような状況は、宇宙に限らず、地球上の被災地や貧困地などにも当てはまります。将来的に、緊急事態に対応する3Dフードプリンタを持ち込んで、食事を作るといった利用法も考えられます。「現場で最も必要なものを、最も適切なタイミングで供給する」という3Dプリンタの特性が、食の分野においても、社会を大きく変える可能性があります。

万能料理、万能調理器

遺伝子解析の発達によって、疾病予防や健康増進も個人の体質や遺伝子型に合わせる時代がやってきています。各種の栄養素を増強したり、新たな保健的機能を追加したさまざまな「個別化食」が検討されています。

３Ｄフードプリンタに、個々人の年齢、性別、遺伝情報、病気の有無、運動の有無、その日の体調などの「個人データ」と、自分が食べたいもの（ラーメン、寿司など）と好み（風味や食感など）の「３Ｄフードデータ」を入力するだけで、栄養面や嗜好面が完璧に反映された「個別化食」が生み出される、そんな未来食が考えられます。３Ｄフードプリンタは「万能調理器」として、今後活発な開発が行われ、電子レンジや冷蔵庫のように一家に一台おかれるようになるかもしれません。

アメリカのＳＦテレビドラマ『スタートレック』シリーズに登場する装置に、「レプリケーター」という、まさに３Ｄフードプリンタのようなものがあります。この装置の原理は、分子を材料として、実物とほとんど変わりのないコピーを作り出すというものです。スタートレックに登場する各クルーの部屋には、フード・ディスペンサーとも呼ばれる食品用のレプリケーターが設置されています。船内には厨房は存在せず、自室の端末に音声でオーダーすれば、自動販売機のように食器付きでその場で合成され、食べ終わって食器を戻せば、自動的に分解されて原料に戻ります。

このレプリケーターのおかげで、スタートレックの世界では、食材の貯蔵や残飯処理などの問題は存在しません。料理を自分でわざわざ作るのは、高級な趣味となっており、料理するとしても食材はレプリケーターで作られます。レプリケーターが食材として利用する原料は、外部からの補給の際に補充されますが、場合によっては排泄《はいせつ》物も原材料として再利用することが可能です。スタートレックの世界では、食料備蓄、調理、食品ロス、食品リサイクルといった問題をすべて、3Dフードプリンタというアイデアで解決しています。

3Dフードプリンタを支えるテクノロジー

3Dフードプリンタによる「個別化食」を実現する上で、サイエンスとテクノロジーの協力と発展は不可欠です。

現在、世界で実現化されている単一成分のカートリッジ、たとえば砂糖や小麦粉などを使用した「単色刷り」の3Dフードプリンタから、いろいろな食材のカートリッジを使用した「多色刷り」へと変わっていくでしょう。さらに3次元に食材を積層する上で、酵素や加熱等の工夫が施《ほどこ》され、より食品・料理らしいものになると思われます。3Dフードプリンタでできた食べものは、その見た目が注目されがちですが、物理的なおいしさとして重要なテクスチャーを、従来の食材よりも自在に自分で〝デザイン〟することもできます。そのためには、まずどのようなテクスチャーがおいしさと関連しているのかという基礎的な知見の集積が課題となります。

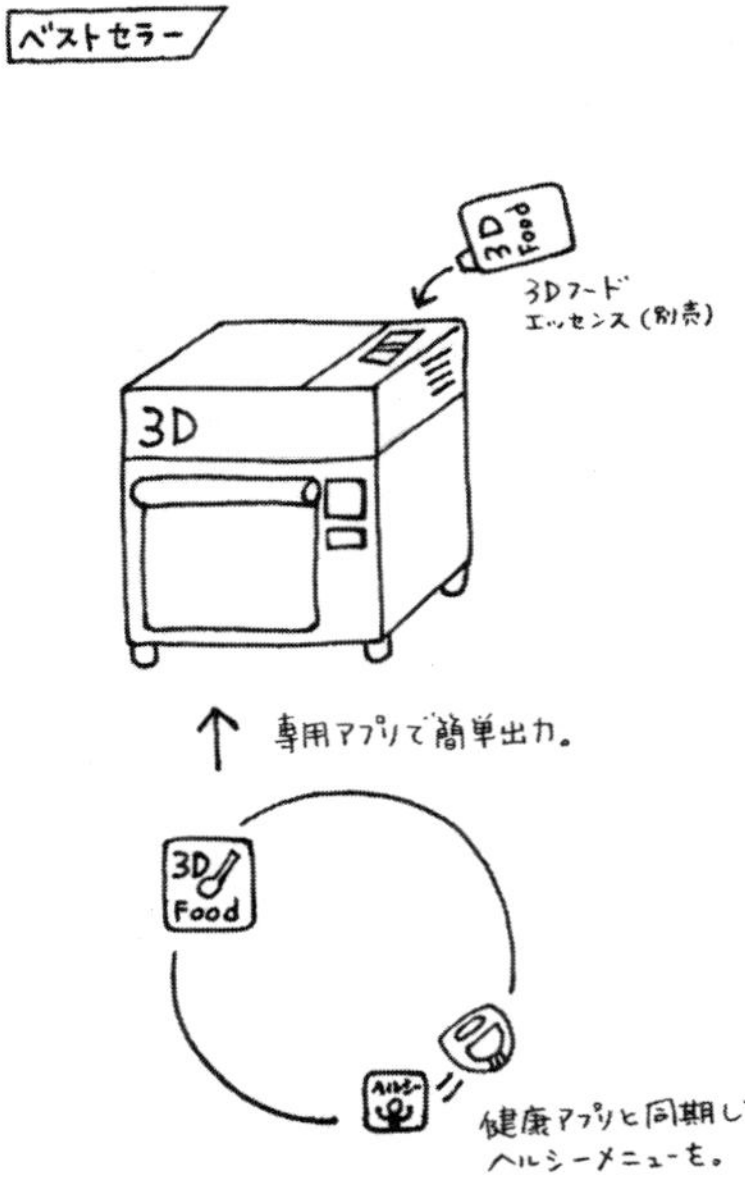

当面の3Dフードプリンタ技術の基本は、3D化のためのインクジェット技術と食材のカートリッジ開発に集約されるでしょう。3D化には、食品の基礎的な知識をもとに、工学的手法や調理技術などを組み合わせ、目的の食品・料理をプリントする技術が必要となります。また、食材のカートリッジ部分は、既存の食

材だけでなく、さまざまな添加物による物性コントロール、さらには人工培養肉といった他のニューテクノロジーと組み合わせることも可能となります。

食の個別化における共通技術として大事なのは、個々の健康ビッグデータとＡＩの活用です。加えて、個人の欲する栄養、おいしさ、生体調節機能などを兼ね備えた食品３Ｄ構築技術も重要な基盤技術となるでしょう。個別化食の人体への影響については、次の第２章でお話しします。

（3）仮想と現実の狭間にある料理

音を録音するように、食を〝録食〟する

料理の特徴のひとつは、その瞬間、その場所でしか味わえないことでしょう。旅先での名物料理や幼い頃の思い出の料理などは、食べるとき、食べる場所が限られているからこそその貴重さがあります。ライブ会場で見るコンサート、劇場で見る芝居と同じようなものかもしれません。体験した食はずっと取っておけない、消えてなくなるものだからこその希少価値

がありますが、なんとかして「食を〝記録〟」しておくことができないでしょうか。

料理の情報の記録には、今のところ「レシピ」しかありません。以前は、材料や作り方を書いた文字や絵、写真のレシピが主流でしたが、今はウェブサイトのレシピサイトなどで、動画が活用されています。料理を音楽でたとえるなら、文字情報のレシピは楽譜に相当し、料理動画はコンサートのライブ映像に相当するかもしれません。

料理と音楽を記録する際に最も異なる点は、音楽の場合、物理的な音波の情報が大きいですが、料理の場合は、見た目、味、香り、食感、音などの五感に関わるそれぞれの情報があるということでしょう。特に料理は、動画で視覚、聴覚などはある程度記録できるとしても、味覚、嗅覚、触覚の感覚の情報は残せません。未来には、音楽の録音、映像の録画のように、料理そのものを〝録食〟する技術が、果たして生まれるでしょうか。

たとえば、見た目、味や香りの成分や、分子・組織構造といった複雑な情報を「料理スキャナー」などで統合的に取り込むことができれば、料理を録食する第一歩となるでしょう。前述した「料理の式」などの料理構造論的なアプローチが、文字通り、料理の保存へとつながります。

料理そのものの形態を記録するのではなく、人の調理の操作を記録するという方法もあります。イギリスのモーリー・ロボティクス社は2017年、世界初の自動調理キッチン「ロボティック・キッチン」を開発しています。これはキッチンの壁から調理を行う2本のロボットアームがのびており、シンク、レンジ、オーブンなど調理器具がセットになったものです。ロボットアームは、人の調理手順を記録し、その調理操作から、見た目はもちろん、味もそのままコピーして作り出します。

料理は、生物の進化と同じように、新しいものが生まれては消えていきます。日本各地に残る伝統料理などは、作る人がいなくなればそのまま消えていくものが多いです。絶滅のおそれがある生物の「レッドリスト」のように、料理にも多くの〝絶滅危惧種〟が存在します。料理そのもの、もしくは調理操作をより詳細に記録、データ化できれば、これまでのレシピよりもオリジナルに近い料理を後世に残すことができます。料理を忠実に〝録食〟したその後、再現可能なデータは、文化史資料として重要になるかもしれません。

料理が時空を超えるとき

今、産業界では「第4次産業革命」が起こっています。AIやビッグデータなどの仮想の「サイバー空間」と、ロボット、IoTなどの現実の「フィジカル空間」の融合です。

現実の料理の構造的なデータが取り込まれ、ビッグデータとして集積され、さらにその後「料理データの再生技術」があれば、あらゆる料理を再現することができます。つまり、料理の仮想と現実をつなげることができます。

料理が仮想と現実の世界を自由に行き来できたらどうなるのでしょうか。電通らが進めるプロジェクト「OPEN MEALS」では、「スシ・テレポーテーション」という方法でそれを表現しています。それは、東京の寿司職人が握った「寿司データ」を宇宙に送り、宇宙船内にある3Dフードプリンタで寿司に変換し、宇宙飛行士が食べるというものです。

『ドラえもん』の「海底クッキングマシーン」や『スタートレック』の「レプリケーター」の基本テクノロジーが次第にそろいつつあり、料理の瞬間再現が現実味を帯びてきました。

「料理スキャナー」でデータを読み込み、クラウド上の「サイバー料理データベース」に収納し、好きなときに、好きな場所で出力することで、自分が幼い頃に食べていた料理が自由に再現できるようになるかもしれません。

今の料理は、時間と場所に制限されていますが、データの正確なアップロードと正確なダウンロードが可能になれば、未来の料理は時空を超えるものになるでしょう。

料理の仮想現実化

「仮想の料理」と「現実の料理」が自由に行き来するには、実現までそれなりの手間がかかると思われますが、これを手軽に体感できるものがあります。近年、一般にも広く普及してきた「ヴァーチャル・リアリティ（仮想現実）」、ＶＲです。ＶＲは、ヘッドマウントディスプレイなどに映し出される画面上の仮想の空間を現実であるかのように知覚させることができます。この錯覚を利用した技術が、食の世界にもあります。

食は五感で感じる行為なので、それを視覚だけのＶＲで体感するのは困難です。しかし、食べることをＶＲで操るような研究は、世界中で取り組まれており、視覚だけでなく、触覚や嗅覚など、人間の感覚すべてをヴァーチャルな体験として可能にしようとしています。

東京大学大学院の廣瀬・谷川・鳴海研究室では、味覚など難しい感覚に関しても研究しています。食べるクッキーにマーカーをつけ、ヘッドマウントディスプレイを介することで、ＶＲ空間でチョコクッキーに変換したり、さらに、ヘッドマウントディスプレイに装着したチューブからチョコのにおいを出してチョコクッキーを表現するというものです。さらに、ＶＲ映像でクッキーを実物大よりも大きく表示することで、ふだん食べるより少ない枚数で満腹感が得られるという「拡張満腹感」という研究も行われています。

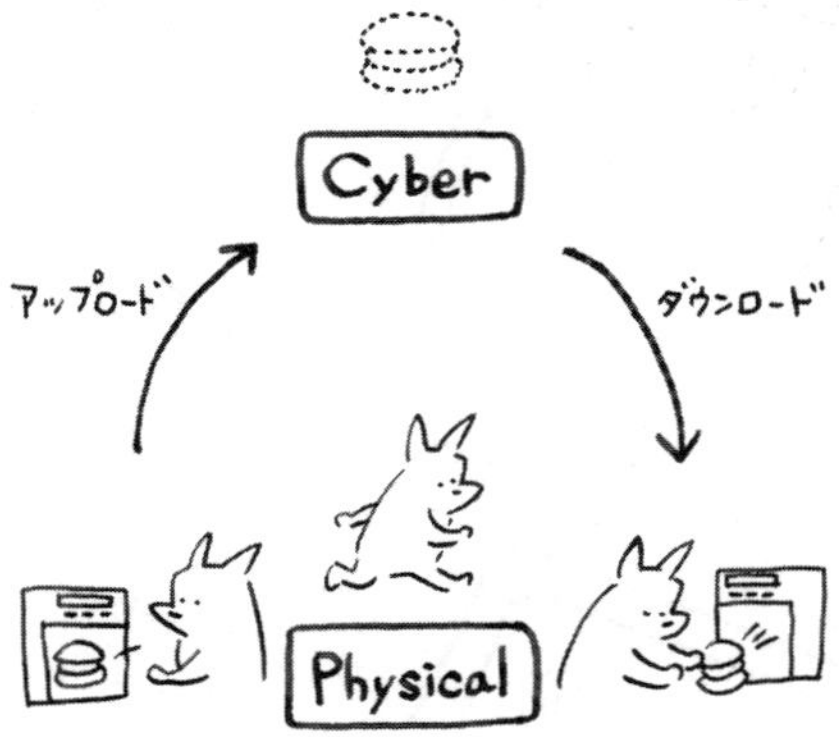

　また、ＶＲ技術の錯覚を利用することで、実際に食べているものを別のものに見せる「Project Nourished」という試みもあります。たとえば、寒天やこんにゃくを使った食べものを、ＶＲ空間内では別の食べものとして表示するというものです。これらの技術は、肥満を予防する働きが期待されています。

　１９９９年公開の大ヒットＳＦ映画『マトリックス』のように、仮想の食事が現実と見分けられないくらいリアルに体感できるようになったとき、私たちが食べたいと思うのは、果たしてどちらの食事でしょうか。

ももたろうと
未来ごはん
News
オニ大あばれ
許せないなー
オニ…
オニたいじしない？
Aa
オニたいじしない？
いいよ！
いいよ！
いいよ！
その前になんかたべたい。
ちょっとかるくつまみたい。
おなかへったね

3D Food SENDER
お好みの味をあの人に
イヌさん
この人に送
みんなにだんご送ったよ!
ありがと!
ワーイ!
まってる
チーン!
ももさんからです
3D
3D
3D
3D

第2章

「未来の身体」はどうなるか　——食と身体の進化論——

過去 食と人類の進化物語

(1) 食による祖先の自然選択

私たちの祖先は何を食べて生き延びてきたか

私たち人類は、その歴史において、数々の伝染病を克服してきましたが、現在はメタボリックシンドロームという生活習慣病の世界的大流行に直面しています。その原因は、食事や運動といったライフスタイルの急激な変化です。私たちが祖先から受け継いだ身体と現代社会のライフスタイルとの間に、大きな齟齬《そご》が生じています。「私たちの身体がこれからどうなっていくのか」を予想する前に、人類の進化の過程で、私たちは食によってどう変わってきたのかを振り返ってみましょう。

人類も含めた霊長類の共通の祖先は、約7000万年前にトガリネズミ目という食虫目から分かれました。原始霊長類は、主に昆虫を食べていましたが、昆虫に加えて果実を食べる多くの原猿類が登場し、さらに昆虫、果実に加えて若葉などを食するチンパンジーやオランウータンなどの種があらわれてきました。果実はエネルギーに富み、若葉はタンパク質に富むので、その身体は次第に大きくなっていきました。

ヒトの祖先の初期猿人が、チンパンジーとの共通の祖先から分かれたのが約700万年前と言われています。その頃の気候は寒冷化、乾燥化へと大規模な変動が起こっていたため、熱帯雨林は次第に後退し、サバンナの草原が広がりつつある時代でした。チンパンジーは熱帯雨林から大きく離れることなく、果物などの植物性食品を主な栄養源としていました。

それに対して、約400万～200万年前に生存していたとされる猿人の「アウストラロピテクス属」は、熱帯雨林周辺のやや乾燥した疎開林《そかいりん》で、果実や葉、塊根《かいこん》、種子などを食べて生活していました。熱帯雨林の真ん中で暮らしていたのなら、寒冷化による環境の変異にはほとんど気がつかず、生活は変わらなかったでしょう。しかし、森のはずれで暮らしていたアウストラロピテクス属は、周囲の森が縮小し、木がまばらになり、果物が以前ほど手に入れられなくなったことに対応する必要が生じました。これまでと同じだけの栄養素を手に入れるためには、遠くに出かけたり、いざというときにしか食べないようなものも食べざるをえない状況でした。つまり、ヒトの祖先は、必要に迫られ、いろいろなものを食べるようになったのです。

「果実離れ」が身体に起こした変化

チンパンジーやゴリラなどの類人猿と比べて、ヒトの食事時間は、異例なほど短いです。チンパンジーは、起きている時間のほぼ半分を、食べものを噛んで過ごします。野生のチンパンジーの典型的な食事は、イチジクやブドウ、ヤシの実といった森の果実です。それらは品種改良された果物のように甘くはなく、噛みやすくもありません。そのような果実から必要なエネルギーを摂取するため、チンパンジーはものすごい量を食べなければなりません。

一方、人類は、前述したように森を出て、果物だけを食べる生活から離れざるをえない状況になりました。そして、果物以外のものを主食とすることは、その身体に2つの大きな変化を引き起こしました。ひとつは、「歯と顔」のかたちです。初期の人類は、他の類人猿と基本的には同じような顔と歯をもっていました。これは、彼らが、猿人類と同じように、果物をメインとした食事をしていたことを示唆しています。しかし、その臼歯《きゅうし》は、猿人類のそれよりも、やや大きくてがっしりしていました。臼歯が大きくてがっしりしているほど、植物の茎や葉のような固く噛みごたえのあるものでも、より上手に噛み砕くことができたと推測されます。

また、彼らは猿人類よりも頬骨《ほおぼね》がやや前方に位置し、顔面が比較的平たく、鼻から下が前に突き出ていない顔型をしています。これは、咀嚼《そしゃく》筋が強い力を生み出せる構造です。

　そしてもうひとつの身体的変化は、「直立二足歩行」です。そもそも類人猿の移動手段として、二足歩行は、四足歩行よりも速度がきわめて遅く、エネルギー消費の上で効率がいいとはいえません。ただ、それとひきかえに直立二足歩行は、「空いた手でものを持って歩く」ことを可能にしました。初期の人類にとって、わざわざ運ぶ価値のあるものは何でしょうか。

　それは「食べもの」です。

二本足で歩き始めたことの有力な説として、今考えられているのが、「食物供給仮説」です。「オスが直立二足歩行で自由になった手で食べものを運び、特定のメスに供給した」と推測されています。オス同士がメスをめぐって犬歯《けんし》を使って争うかわりに、メスに食べものを提供することで、子孫を残す確率を高めたと考えられています。

もとをたどれば、気候変動という緊急事態がきっかけとなって始まった、咀嚼力の強化と直立二足歩行といった身体の適応は、生き残れるか、淘汰《とうた》されるかという生物の自然選択の「選択圧」として、とてつもない影響力をもっていました。私たちの人類の祖先が、果物をずっと食べられる環境が続いていたとしたら、私たちは今と全く違った身体で、1日の大半を森で過ごし、果物をずっと食《は》んでいたことでしょう。

食べものに選択された人の祖先

人類の歴史は飢餓の歴史であるといってもいいように、アウストラロピテクス属がいた時代も、彼らは手に入るものを食べるしかありませんでした。しかも彼らは、果実がたくさん実る森ではなく、木のまばらな開けた土地に暮らしていました。

アウストラロピテクス属の中には、いくつもの種がいたことが知られています。その種によって違いはあるものの、望む食べものが手に入らないとき、しかたなく食べる「代替食」があり、質の劣るその代替食を定期的に採集せざるをえなくなりました。

同じように、現代の人間も、代替食に頼らざるをえないときがありました。たとえば、中世ヨーロッパでは、最後の手段として広くドングリが食されていました。1944年の冬に大飢饉が起こったオランダでは、飢えをしのぐために、チューリップの球根が食料となりました。日本でもヒエやアワといった雑穀が、救荒作物《きゅうこうさくもつ》として食べられてきました。現在のチンパンジーなどにも代替食はあり、熟した果物が手に入らない時は、葉や茎、さらには樹皮まで食料となります。

重要なポイントは、代替食が生死を分ける決定打となりうるため、動物は代替食に身体を適応させる必要があることです。そして、その適応への可否が、自然選択に大きく作用します。「食べたものが人を作る」とよくいいますが、進化的にみれば、「普通、食べないものを食べる人が生き残る」といえます。

アウストラロピテクス属の代替食は何だったのでしょうか。歯の研究と生息地の生態系の分析から、果物だけでなく、前述した食用可能な葉や茎や種など、多種多様な食べものを食べていたと推測されています。さらに、アウストラロピテクス属の一部は、食料を求めて地面を掘るようになり、実に重要な代替食である根茎や塊茎といった、いわゆる「芋」を食事のレパートリーに加えるようになりました。芋は見つけにくく、掘り出すには労力とコツが要ります。しかし、水分も栄養分もあり、乾季を含めていつでも収穫可能というメリットがありました。

アウストラロピテクス属が食べていた芋は、彼らの摂取エネルギーの大部分を占めていたのではないかと考えられています。彼らにとって芋は、代替食から主食に変わったといえます。現在のチンパンジーの場合、食べる植物性食品の約75パーセントが果物であり、芋を掘り出すことはほとんどありません。アウストラロピテクスは、森を離れ、食料を求めて地面を掘るようになったことで、貴重な食料である芋を発見することができたといえます。

(2) 肉に魅せられた人類

ベジタリアンからの卒業

アウストラロピテクス属は、直立二足歩行していたものの、身体や脳の大きさは、今のヒトとは大きく違っていました。私たちの身体と行動が、より「人間」らしくなってきたのは、約300万～200万年前の氷河期の始まりでした。継続的な地球寒冷化によって、アフリカはより乾燥し、生息環境は変化しました。

この頃にタイムスリップして、何が食べられるか考えてみましょう。果物がどんどん減っていく状況の中で、どう対処できるでしょうか。丈夫な歯を持つアウストラロピテクス属のように、次第に常食となりつつあった芋や、種子などの固くて噛みにくい食べものに今まで以上に頼るという手があります。これら人類の祖先は、噛んで噛んで噛みまくって、毎日何時間も根気強く咀嚼を続けていたでしょう。しかし、祖先は、別の画期的な戦略を選びました。それが、「狩猟採集」です。

狩猟採集は、「採集によって植物性食品を得る」「狩猟によって肉を得る」「仲間同士で密に協力する」「食べものを調理する」という4つの要素からなる統合システムと考えられています。私たちの祖先は、なぜこれらの行動をするようになったのでしょうか。

まず採集からみていくと、初期ヒト属は、食事の大半、おそらく70パーセント以上は、採集した植物に頼っていました。林の中で食べものを探すのに、毎日少なくとも6キロメートルは歩く必要がありました。

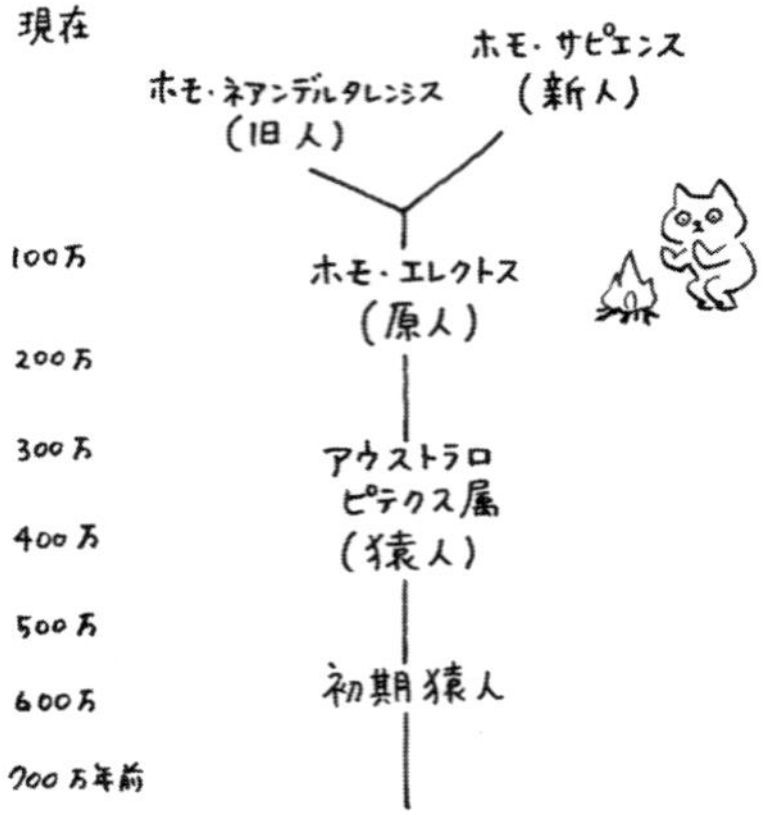

さらに、地面の下に隠れている芋は掘り出すのに労力が、固い殻に覆われている木の実は割る手間がそれぞれ必要で、それらのミッションをクリアして何とか栄養のある部位を抜き出さなくてはなりませんでした。たとえば、芋は、現在のアフリカの多くの狩猟採集民の食生活の中でも多大な割合を占めています。しかし、その芋1つを掘り出すのに10分から20分はかかる場合もあり、重労働です。

植物を食べる利点は、そのありかが予測しやすいこと、比較的ふんだんにあること、そして動物のように逃げないことです。しかし、栽培化されていない植物は、食料として消化できない食物繊維の含有量が多く、その分栄養素が少なくなります。不足分のエネルギー源はどうやって獲得すればよいのでしょうか。その答えが、「肉」でした。

動物が「ステーキ」に見えたとき

私たちの祖先は、ずっと他の動物のそばを素通りしていたわけですが、それらを「食べもの」としてみるようになったのはいつからでしょうか。

人類の身体は、まず種子と木の実といった種実類である「ナッツ」の味を覚えました。ナッツは、脂肪分が豊富です。脂質の消化に関わる小腸が発達し、食物繊維の消化の場である盲腸が縮小されるという自然選択が起こりました。結果として、肉を食べることに適した腸をもつ個体が残ることになりました。

また、固い殻をもつナッツを砕くために使われた簡単な石の道具は、動物の骨を砕き、肉の塊を切り落とすことなどに応用されていったでしょう。２５０万年以上前の遺跡から、切り傷のついた動物の骨が出土しており、肉を食べていた古い証拠と考えられています。

初期ヒト属が、道具によって狩りができるようになったのは、１８０万年前くらいになってからです。初めのうちは、腐肉を食べていたのではないかといわれています。腐肉食は、困難で危険が伴うものです。その上、狩りをする動物や他の腐肉食動物と戦って追い払わなければならない場合もあります。

人の祖先が、肉を食べ始めたきっかけは、やはり気候変動が起こり、食料を見つけるのが難しくなったからでしょう。「なぜ肉を選んだのか」の答えは、「そこに肉があったから」です。そして、肉から栄養素を獲得するのが、効率的なことに気づいたのでしょう。ウシ科の動物のステーキは、同じ量のニンジンを食べたときの5倍のエネルギーが得られ、必須タンパク質も脂肪も摂れます。さらに肝臓、心臓、髄、脳といった動物の臓器は栄養素の宝庫です。ヒト属の食事のレパートリーに肉が加わり、それが今の時代まで続くことになりました。

狩りから始まったシェア文化

初期ヒト属がいた頃から、肉は食生活の重要な一部になりましたが、もともと植物性食品を採集していた身体で、肉を獲得するのは大変なことでした。肉を得るのに多大な時間を要する上、確実に採れる保証もありません。槍などの道具が発明されるずっと以前に、獲物を獲ろうとするのは、困難で危険な試みだったことでしょう。

初期ヒト属の母親が、妊娠中や子育て中であれば、定期的に狩猟や腐肉漁りをできたとは考えにくいため、女性は植物の採集、男性は採集と狩猟や腐肉漁りを行う分業体制が確立したのが、同時期であったと推測されています。この分業を支えたのが、「食料の分配」です。

現代の狩猟採集民の男性の研究から、狩猟によって一日3000～6000キロカロリーのエネルギーを手に入れることができるとわかっています。大きな獲物をしとめた時は、その肉を仲間全員に分け与えますが、最大の取り分は家族に与えるといわれています。さらに男性は、授乳や世話が必要な幼児を抱えた妻がいる場合、通常以上に頻繁に狩りをします。その代わり、妻の植物採集への依存度も高くなります。特に長時間の狩りが失敗に終わったときなどは、妻が集めてきた食料だけが頼りとなります。そのため、初期人類の狩猟採集民は、食料分配に大いに助けられたに違いありません。もし男女が互いに食料を供給し、さまざまな面で協力し合うことがなかったら、彼らはとうてい生き延びられなかったでしょう。

食料分配は、もちろん配偶者間や親子間だけではなく、集団の仲間内でも行われていました。仲間どうしの密接な社会的協力が、狩猟採集民の間でとても重要でした。肉を仲間に広く分け与えるのは、単に親切にしようとか、肉を無駄にしないという意図ではなく、空腹のリスクを低減するための必須戦略であったと考えられます。

狩猟採集民のきわめて相互協力的な世界では、分け与えない、協力しないというのは自らの生死に関わってきます。集団内の相互協力は、約200万年前から狩猟採集民の生き方にとって、基本原則のようなものであったのでしょう。

（3）大きな脳を可能にしたもの

エネルギーを脳と腸にどうふりわけるか

通常、人は脳でものを考えますが、時として消化器系がその役をつとめ、身体の他の部分を代表して判断を下すことがあります。消化管が、空腹のシグナルを出す場合などです。

自然選択を通じて、狩猟採集に適した身体ができ上がっていった時、「脳」と「腸」、それぞれの臓器は、どのような変化が生存に有利だったのでしょうか。それを理解するには、どちらの器官も身体にとって〝高コスト〟であることを考える必要があります。

脳も腸も、成長と維持に膨大なエネルギーを要する器官です。現在のヒトの脳と腸の単位質量あたりのエネルギー消費量はほぼ同じで、ともに身体の基礎代謝コストの約2割を使います。

腸には約1億もの神経細胞があり、これは脊髄や末梢神経系全体にある神経細胞の数よりも多いことが知られています。腸という、いわば〝第2の脳〟は、食べものを分解する、栄養素を吸収する、老廃物を排泄するといった複雑な活動を監視して、制御するための精巧なシステムを何億年も前から進化させてきました。

ヒトの成人の脳と腸は、重量がどちらも1キログラム程度で、ほぼ同じくらいの重さです。それに対して、ヒトと同じ程度の体重の哺乳類の大半は、脳の大きさがヒトの約5分の1程度なのに対し、腸の長さが人間の約2倍あります。つまり、ヒトは相対的に大きな脳と、小さな腸を持っている動物といえます。

このヒト特有の脳と腸の大きさの比は、最初の狩猟採集民の登場とともに始まった、腸から脳への一大エネルギー転換の結果だという説があります。初期ヒト属は、食事に肉などを追加することによって、大きな腸よりも大きな脳をもつ種へと変わっていきました。つまり、腸にエネルギーが以前ほど使われなくなった分、そのエネルギーを脳の成長と維持にまわすことができるようになったといえます。

加熱調理は、ヒトの脳を〝進化〟させ、身体を〝退化〟させた？

私たち人類と猿を分かつものには、複雑な言語、手先の器用さなどがありますが、言語も手先も脳が関与しています。２０００年代に、人類の脳を大きくする上での分岐点は、私たちの祖先が「火を使った調理」を覚えたことであるという説が唱えられるようになりました。

リオデジャネイロ連邦大学のエルクラーノ・アウゼル氏らは、さまざまな霊長類の身体と脳の重さを測定し、エネルギー摂取量と比較しました。その結果、身体や脳を大きく成長させるためには、たくさん食べなければならないということを科学的に証明しました。

ヒトの臓器の中で、脳は、体重の2パーセント程度の重量に過ぎませんが、エネルギー消費は、身体全体の約20パーセントを使う「エネルギー食い臓器」です。そのため、脳が大きくなるためには、十分な栄養が必須です。

ゴリラのような大型類人猿は、ヒトより身体が大きいですが、生の植物や果実しか食べないため、「キングコング」になるのは到底難しく、体重を２００キログラムぐらいにするのが精一杯です。さらに、摂取したエネルギーのうち、身体の拡大や維持に使うエネルギーが大きいと、脳の拡大に回す分は、おのずと少なくなります。そのためか、ゴリラの脳の重さは、ヒトの3分の1程度です。

ヒトの祖先は、「身体の大きさ」よりも「脳の神経細胞の数を増やす」というトレードオフによって、「脳」重視の道を歩んできました。

さらに、ヒト科の原人であるホモ・エレクトスが、「火を使った調理」を覚えたことによって、人の祖先の脳の大きさは、約２５０万〜１５０万年の間に、４００グラムから９００グラムへと2倍以上に急成長しました。加熱調理が、その脳の拡大のリミッターを外す原動力でした。

実際、未加熱の食材と加熱した食材とでは、「エネルギー効率」がどの程度異なるのでしょうか。ハーバード大学の研究者らは、加熱調理することで食材中の栄養成分の消化、吸収率が向上することを科学的に証明しています。実験では、マウスに生のサツマイモと牛肉、調理したサツマイモと牛肉を与えた場合、同じカロリー量であっても、調理した食べものを与えた方が、生の食べものを与えた場合よりも体重の増加をもたらしました。これは、ヒトが食材を調理することによって、より高いエネルギーを得てきたことを意味しています。人類の歴史において、調理によるエネルギーの効率的な摂取が、より大きな脳をもつヒトの選抜を可能にしたということを科学的に裏付ける結果です。

しかし、現代の先進国などは、食料を探して森中を歩き回る必要はなく、身の回りに食べものがふんだんにある「飽食」の世界です。砂糖や油脂を大量に使い、やわらかくて消化の良い食品、精製度の高い加工食品の過剰摂取は、脳の活動に使われる一方、余ったエネルギーは身体の脂肪を増やすことに回され、結果、肥満を招いているのが現状ではあります。

調理のジレンマ

現代社会の「ヒトの肥満」を考える際、人類進化上の興味深い仮説が2つあります。「節約遺伝子仮説」と「料理仮説」というものです。

節約遺伝子仮説は、私たちの祖先が狩猟採集民であった時代に、食料が乏しい環境を生き抜くため、飢餓に適応した遺伝子、いわゆる「節約遺伝子」を有するヒトが優先的に生き延びてきたというものです。しかし、食べものがふんだんにある時代となり、効率的に脂肪などを体内に溜めこむという体質が〝あだ〟となって、肥満や糖尿病になるリスクを高めているのではないかといわれています。

それ対して料理仮説は、別の考えを示します。人類は、進化の過程で火を用いた「調理」を活用してきたことによって、調理をしなかった頃と比べて、よりエネルギーを摂りやすくなったのではないかというものです。節約遺伝子によって厳しい環境変動に適応したというよりも、生食と比べて、消化吸収率の高い調理された料理を食べるようになったことが、ヒトを太りやすくしたのではないかという説です。

料理仮説を支持するデータとして、大型類人猿も、調理した食べものを食べると肥満になるという研究結果があります。さらに、類人猿に限らず、犬や猫などの哺乳類、ニシキヘビなどの爬虫類《はちゅうるい》、さらに昆虫まで、ありとあらゆる動物は、調理して消化吸収を高めたものを食べると必ずといっていいほど太ります。

ヒトは、生きものの中で唯一調理という手段を獲得したことで、短時間でより高カロリーの食事を効率的に摂取できるようになったということでしょう。

現在　食と健康と病気

（1）食べることと健康の因果関係

人間が健康に生きる上で必須の学問

子どもの頃に「栄養があるから食べなさい」と言われたことがある人も多いでしょう。「心の栄養」という表現もあるように、私たちには「栄養」という言葉がしっかりと根付いています。

西洋医学の概念を確立したのは古代ギリシアの医師ヒポクラテスですが、その著書『古い医術について』には、こういうものを食べたら病気になる、病気のときにはこういうものを食べてはいけないなど、健康づくりのための食事や食事療法が書かれています。東洋では、中国の『周礼《しゅらい》』という周の時代の医師制度などを示した書物があります。当時、医師には疾《しっ》医《い》、瘍医《ようい》、獣医、そして食医の４種類がおり、疾医は内科医、瘍医は外科医のことで、これらと獣医は現代でもほぼ変わりません。一方、現代の分野にはない「食医」という医師がいて、民に食べた方が良い農作物などを提言していました。王の健康管理も行っており、現場の医師の中では、最も強い権限を握っていたといわれています。この食医が、現代の「医食同源」という概念を培《つちか》いました。このように東西の区別なく、食べることと健康とのつながりは、強く意識されてきました。

科学としての「栄養学」の歴史は、あまり古くはありません。18世紀後半、空気中の酸素を発見したと言われているフランスのラボアジエが、食べものと人間のエネルギー代謝の概念を作りました。これが現代栄養学の出発点です。その後、「人間が食べものからエネルギーを得ているとしたら、その源は何か」という研究がドイツで始まり、炭水化物、脂質、タンパク質といった三大栄養素の発見、さらにビタミン、ミネラルといった栄養素の発見が加わり、五大栄養素となりました。

また、１９６８年に米国の外科医スタンリー・ダドリック氏は、学会で「ここ数カ月、一切食べていないが元気に生きている」という一匹のビーグル犬を紹介しました。すべての栄養素を血液に直接投与されていた犬で、口から食べなくても生きていけることが証明された瞬間でした。その方法は現在、完全静脈栄養法（または中心静脈栄養法、高カロリー輸液法）とよばれています。

最後にやってきた、食品の働き

近年まで、食べものには「栄養特性」と「嗜好特性」の2つの特性があるとされてきました。栄養特性とは、食品成分である糖質、タンパク質、脂質やビタミン、ミネラルなどの栄養素がエネルギー源になることや、身体の構成成分として利用されることです。嗜好特性は、食べた人が楽しむおいしさの性質のことで、食品中の色素成分、味成分、香り成分、食感に関わる成分がそれぞれ視覚、味覚、嗅覚、触覚などのヒトの感覚に作用することです。この2つの特性が示すのは、人類が歴史の中で、「栄養」になり、「おいしいもの」を食べものとして認識してきたということです。

その一方で、「医食同源」や「薬食同源」という言葉からも、食も薬も元々同じような素材からできており、「疾病予防や健康維持に関わる働きが、食品にも存在する」という考えが世界中で伝承されてきました。食品素材から活性成分を単離して医薬品として利用することも盛んに行われてきました。

日本では1980年代に、食品が生体に及ぼす働きは、1次機能（かつての栄養機能）、2次機能（かつての嗜好機能）、そして3次機能（生体調節機能）に分類されるようになりました。

栄養〝不足〟から栄養〝過剰〟へと移り変わってきた時代背景もあり、増え続ける生活習慣病の予防対策として、食品の健康増進機能に対する期待が高まっていた時期でした。1991年、日本は世界に先駆けてこの3次機能を対象とした食品の法的な位置付けとして「特定保健用食品制度」を設け、世界の注目を集めました。現在では、健康維持への利用を目指した食品機能の研究が、世界中で活発に行われています。この研究分野は、「食品機能学」として、食品学の中の新しい学問領域になりました。

現在は、ヒトの健康寿命を延ばすことがますます重要視され、医学は病気を治すという治療中心から、健康を維持し、病気にならないように予防する方向へとシフトしています。

健康は、お腹にいる〝下宿人〟とともに

人の願望はいろいろありますが、「健康」は古今東西を問わず、普遍的に切望されているもののひとつでしょう。私たちのふだんの生活の中で、健康に関係する三大ファクターといえば、「食事」と「運動」と「休養」です。「健康は、バランスの良い食事をし、適度な運動、さらに、しっかりと休養することで手に入れられます！」といった言葉を、私たちはどこかしらで耳にしています。

「食べられる側」と「食べる側」、つまり「食べもの」と「ヒト」両方を考えましょうということが、それらの言葉の基盤にあります。より具体的にいえば、「食べもの」のエネルギー、栄養素、機能性、「ヒト」の代謝、ホルモン、遺伝子などを知ることが健康への王道だと考えられています。

しかし近年、その食べものとヒト以外の〝第三者〟が、私たちの健康にかなり影響を及ぼしていることがわかってきました。それは、私たちの身体に住みつく微生物群「マイクロバイオーム」です。腸内に限らず、人体すべてに拡張した概念がマイクロバイオームですが、その研究の最前線は、腸内細菌、腸内フローラです。

2015年、科学誌『Nature』が、マイクロバイオームについての特集増刊号「Innovations in the Microbiome」を出しました。その背景には、2005年から、マイクロバイオームの解析に「メタゲノミクス」というイノベーションがもたらされたことが大きく関係しています。この微生物の網羅的な解析手段によって、腸内フローラが、腸の病気だけではなく、免疫、アレルギー、肥満とやせ、がん、糖尿病、うつ、認知症など、ありとあらゆる病気に関わっている可能性が示唆されています。

腸内細菌の人体への影響、健康との関わりが明らかになるにつれて、次はその腸内細菌をいかにコントロールするかというテクノロジーに注目が集まっています。腸内細菌のマネジメントは、日常的に口に入れるもの、つまり食べものなどによって、自分の健康に良い微生物の集団として制御することが、一番簡単で効果的です。ふだん私たちは、〝自分〟にとって都合の良いごはんを考えますが、健康維持のためには、「自分にとってのごはん」と同様に、自分のお腹にいる「腸内細菌にとってのごはん」も入念に考えなければならなくなるでしょう。

　ある種のオリゴ糖などの「プレバイオティクス」のように、腸内の善玉菌を増殖させる成分もすでに明らかになってきていますが、年齢や性別、体調や病気、さらには自分の遺伝子によって、腸内細菌の種類と割合などをよりきめ細やかに

コントロールする時代がやってくるでしょう。そうなると健康は、これまでの「食べもの」と「ヒト」の二者の相互関係を考えるだけでは不十分で、「食べもの」「ヒト」「腸内細菌」の関係を〝三位一体〟で考えることが必要となります。

(2) 肥満の進化生物学

肥満パンデミック

日本では感じにくいかもしれませんが、肥満は、世界の大きな健康問題のひとつです。医学誌『The New England Journal of Medicine』に掲載された、195の国と地域を対象に行われた肥満に関する報告によれば、体重(キログラム)を身長(メートル)の2乗で割るボディマス指数(BMI)で評価する世界保健機関(WHO)の基準で、2015年には、世界に22億人以上の肥満(BMI30以上)または過体重者(BMI25以上、30未満)がおり、世界人口の実に3人に1人が、肥満あるいは過体重となっています。

米国では1980年以降、体重の最高値は常に更新され、正常体重の米国人の割合は現在、歴史上最も低い状態となっています。さらに、ＢＭＩが40を超える人は１２００万人おり、うち半数は50を超え、さらに70を超える米国人は１００万人にも達しました。さらに、肥満化の現象が子どもたちの間でもみられます。１９６０年から２０００年の40年間に、過体重の子どもの割合は３・４倍、極度の肥満の子どもの割合は７・８倍に増えました。米国における肥満割合が将来的に減る兆《きざ》しはしばらくありません。

また、ヨーロッパにおける肥満割合も米国に近づきつつあります。アフリカにおける肥満者の割合は、女性で増えています。アジアでは、ＢＭＩによる肥満や過剰体重は米国より少ないですが、肥満に関連する疾病リスクは高いため、Ⅱ型糖尿病の有病率は米国と同じか、それより高くなっています。

感染症に限らず、「ある健康関連事象が明らかに正常な期待値を超えて起こる」ことを「エピデミック（流行）」と定義すれば、最近の肥満の増加はエピデミックに相当します。さらに、肥満が世界に拡大し、世界の３人に１人が過体重や肥満という現状から、肥満はすでに「パンデミック（世界的大流行）」状態であると考える研究者もいます。

肥満のパンデミックを引き起こしている要因は、生活が便利になり、身体を動かす機会が減少したことなどがありますが、最大の要因は、なんといっても食にあるでしょう。

ヒトの肥満は大きな脳のせい⁉

世界中で肥満や過剰体重の人の割合が劇的に増えた要因を、前にお話しした人類の歴史から考えてみましょう。まず、多くの専門家が指摘しているように、「飢餓時におけるヒトの生存」におのずと焦点が当たります。つまり、食べものを確保するのに身体的な努力を要し、なおかつ食料不足が一般的だった過去の状況への適応と、エネルギー密度の高い食べものを大量にかつ容易に得られる現代の状況とのミスマッチが、ヒトの身体に脂肪を過剰に蓄えさせているというものです。この章でお話しした節約遺伝子仮説と料理仮説の〝合わせ技〟が、ヒトの肥満化をもたらしています。

さらに、米国のスミソニアン国立動物園所属の動物科学者のマイケル・L・パワー氏とワシントン大学産科婦人科学部の客員教授のジェイ・シュルキン氏は、「過去の飢餓は、ヒトの肥満化傾向への選択圧としては不十分」と言っています。「いつ食べものが入手できるか不確実な世界では、女性が妊娠と生殖に影響を与える脂肪を蓄えることが環境適応上有利になった」と説いています。

さらに、進化の過程で大型化した脳を可能にしたのが脂肪だったこと、脳の発達のために赤子が脂肪を豊富に蓄えて生まれてくることが、皮肉にも太りやすさの背景にあるのではないかとも考えられています。実際、ヒトの乳児の脂肪の多さは、他の哺乳類に比べて突出しています。

胎児とその母親の脂肪量の増加は、生まれた子どもの脳を成長させるための進化の結果と考えられます。脳の発達と肥満は連動しており、「ヒトの肥満は、大きな脳のため」ということもできます。

エネルギーコストの高い大きな脳を作り、維持することが、ヒトの食べものへの好み、つまり、カロリーの高い食べものが好きになるという傾向を決定づけてきました。食べものが入手しやすくなり、生きるための身体活動が少なくて済むようになった現在、その嗜好が、私たちをますます太りやすくさせているといえます。

肥満は、環境に適応するための自然な応答？

長い人類の進化の歴史からみれば、肥満というのは、ごく最近の現象です。まばたきするようなわずかな時間で、ヒトの身体は変わりました。

現在、肥満は、社会的に目の敵《かたき》にされますが、ヒトの体内で脂肪が果たす大切な役割、そして過剰な脂肪が引き起こす疾病の要因、その両方が明らかになっています。

私たちの身体の中で脂肪を蓄えている「脂肪組織」は、生理や代謝の調節装置であり、エネルギー供給のための単なる貯蔵庫ではないことが明らかになっています。脂肪組織は、数多くのペプチドやステロイド、さらには免疫機能を持つ生理活性物質を産生する、甲状腺や膵臓と同じような「内分泌器官」です。肥満がもたらす健康上の問題の多くは、この内分泌器官、あるいは免疫器官としての脂肪の代謝が過剰になったことが原因です。つまり、肥満は、生理機能のバランスが失われた状態にあります。

肥満は、食べものが過剰に身体に入ってきた際に適応するある種〝自然な反応〟です。昔は環境などの外的要因によって、ヒトが食べるものの上限が決まり、エネルギー摂取がエネルギー消費よりも過剰に上回るということが続かなかったため、脂肪の代謝がアンバランスになりにくい背景がありました。厳しい食の環境が、ヒトの肥満を抑制していたといえます。

その肥満と環境に関して、2008年頃から、興味深い研究報告が出されています。胎児期の終わりから新生児期にかけての栄養状態によって、その子の遺伝子の発現を変える仕組みがあり、それが大人になってからの肥満や生活習慣病に影響を与えることが次第にわかってきました。

消費
供給

前述した1944年の11月、第二次世界大戦が終焉に近づきつつあるなかに起きた、「オランダの飢餓の冬」とよばれた食料不足のときに胎児期を過ごした人の追跡調査を行ったところ、飢饉のさなかに生まれた子どもたちは、低体重で生まれたにもかかわらず、四十数年経ってから、心筋梗塞や糖尿病、肥満が多くみられました。また、イギリスでも、新生児の古い記録を使った研究によると、低体重児の方が、大人になってから糖尿病になりやすかったり、胎児期に低栄養だった子どもが、のちに飽食の環境になると、肥満になりやすかったりする報告があります。

母親のお腹の中にいるときや生まれた直後に栄養不良の環境にあれば、その後も栄養不良の状態で生き続ける可能性が大きいため、それに対応するように胎児の代謝の仕組みが調節されるというものです。これは、「エピジェネティクス」とよばれており、DNA塩基配列の変化を伴わない遺伝子発現のことです。生物は、遺伝子を変化させて環境に適応するだけでなく、遺伝子を変えなくても、食べものが少ないといった環境変化に対応する能力ももっているということです。

（3）食欲の制御と暴走

ダイエットとは、数百万年積み重ねてきた人類の進化にあらがうこと

人がものを食べるという行為は、自己の意思に基づいた行動だと考える人も多いかもしれません。そのため、自分の意思で食べるものを決め、体重をコントロールできると考えがちです。しかし、ヒトには「食欲コントロール回路」が備わっているため、体重を大幅に減らしたり、それを維持しようとすることは、なかなか〝手ごわい〟のが実際です。

意識的に食事に気をつけたり、運動をしたりすることで、適正な体重を維持したり、急激に減量したりすることは可能です。しかし、大幅に減らした体重を長期的に維持するのは、容易なことではありません。身体から脂肪を除去すると、熱消費が抑えられ、さらに食欲は増大するからです。身体の脂肪を減らさないように基礎代謝が抑えられ、燃費が良くなるとともに、食べものを強く欲して脂肪を溜め込むように、身体が必死に飢えに対して抵抗するのです。

人間が食欲を制御するシステムは、他の哺乳類と基本的に変わらないものです。私たちが

経験する無意識的な食欲と基本的に同じものを、マウスや猿も感じています。人間はこのような無意識の食欲を、他の動物よりもやや意識的にコントロールできるとはいえ、基本的に他の哺乳類と同じような信号で制御されています。

自分の体重を減らそうと思ったときに理解すべきことのひとつは、進化の過程を通じて、人類が無制限に食べものを得られたことなどほとんどなかったという事実です。さらに、人類の歴史の大半の時間を、私たちは狩猟採集民として暮らし、日々の労働に大量の熱量を消費してきました。食料が少なく、運動量が多いという人類の歴史を考えれば、私たち人間が、体重、そして食欲を最適レベルに設定できる生物学的なコントロールシステムを搭載していることは、とても理にかなっています。体重が減りすぎたり、食欲が落ちすぎると、飢饉が長引いたときに餓死する危険性が高くなります。逆に、体重が多すぎたり、食欲が旺盛《おうせい》すぎると、動きやすさや健康などに支障が出てきます。

すなわち、現代に生きる私たちが、体重を大幅に落としてそれを維持しようとするとき、その努力は、数百万年積み重ねてきた人類の進化の選択圧にあらがうことにほかなりません。「趣味ダイエット、特技リバウンド」といった現象は、人類の進化からみれば、ごく当然のことだといえます。

食欲の制御メカニズム

私が、１年間に食事から摂取しているエネルギーを計算すると、おおよそ95万キロカロリーくらいになります。体重はここ数年ほぼ変わっていないので、１年間で消費したエネルギーもほぼ同じであることが予想されます。身体が食欲をコントロールしながら、正確に食べたものと同じだけのエネルギーを消費するというのは、驚くべき体内メカニズムが備わっていることを意味します。年齢を重ねるとともに基礎代謝は低下していくため、若いときと同じカロリーの食事を摂取していれば、いずれ太っていきますが、体重がさほど変わっていなければ、摂取と消費のバランスがうまくとれているということです。

実験で、被験者の食事量と消費量を数週間から数カ月にわたって注意深くモニターしてみると、摂取カロリーと消費カロリーのバランスが見事に保たれていることがわかります。他の多くの哺乳類も同様に、食べすぎたり、飢えたりした後に自由に食べられる環境に戻すと、体重がすぐにもとの水準に落ち着きます。脳が身体から体重の指標となる「信号」を受け取り、それに基づいて身体が〝自動制御〟される結果、体重はかなり厳密にコントロールされています。

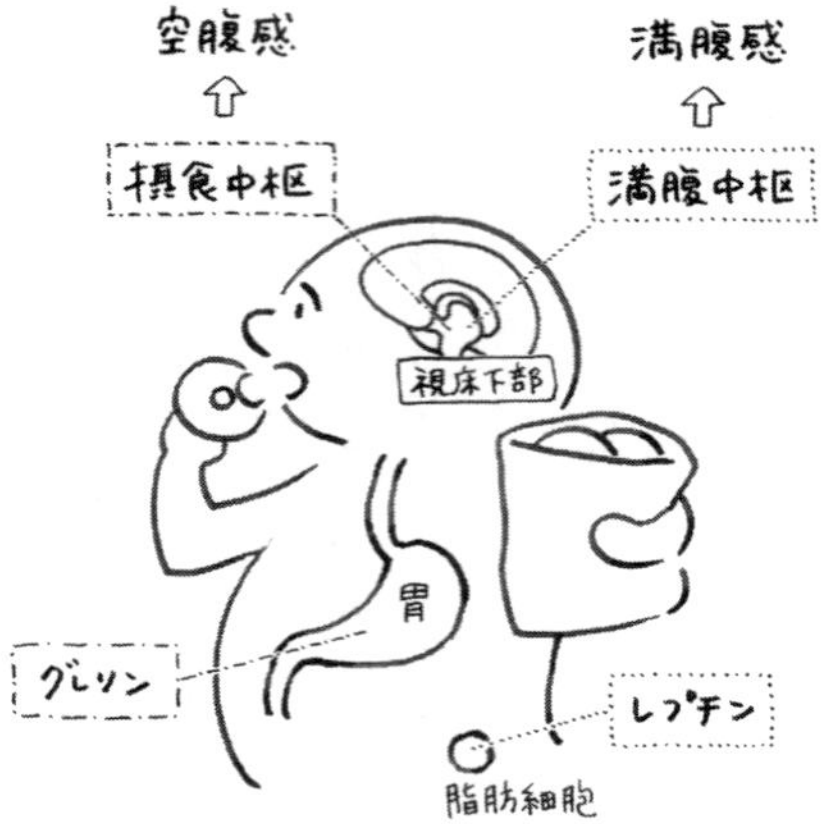

その食欲の「信号」には、体内で分泌される2種類のホルモン、「レプチン」と「グレリン」が関与しています。これらが競合し、上手にバランスを取ることで食欲はコントロールされています。

レプチンは脂肪細胞から分泌されるホルモンで、基本的に食事をしたあと分泌されます。レプチンが分泌されると、脳の視床下部にある「満腹中枢」が刺激され、満腹感を覚えるようになり、食欲が抑制される仕組みです。レプチンという名前は、ギリシャ語の「レプトス」に由来し、「やせる」という意味です。

一方、グレリンは、胃から分泌されるホルモンです。グレリンが分泌されると、脳の視床下部にある「食欲中枢」が刺激され、食欲が増すことになります。グレリンは、空腹で体内のエネルギーが不足しがちなときに、その補充を促すため分泌されるホルモンです。

やせるためには、食欲を抑えるレプチンの働きが必要になります。そのため、肥満の治療薬としてレプチン投与の大規模な臨床試験が行われましたが、レプチンで減量できた肥満患者はほとんどいませんでした。大半の肥満患者は、レプチンが足りないのではなく、レプチンが効きにくいという「レプチン抵抗性」がありました。レプチンが多量に身体の中をめぐっていても、脳内で摂食行動を受容する「受容体」への作用が正常に働かないと、食欲は抑えられないということです。

おいしい〝快感〟の暴走

米国の成人の平均体重は、1960年から2010年までの50年間に、10キログラム以上増加しました。これほど速い変化が、遺伝によるものでないことは明らかです。人の食欲コントロール機能が、正常に作動しない「何か」があるということです。

食べることとは、エネルギー源や栄養素を取り込むことはもちろんですが、「快感」を得ることも重要な目的のひとつです。前にお話しした食の2次機能、すなわち嗜好機能とよばれるものです。何かを食べておいしく感じる機能は、単に快感や至福感に浸らせるためというより、その快感をもっと手に入れたいという意欲と行動を生じさせるためにあると考えられます。つまり、おいしく感じたものを積極的に身体に取り込ませるために快感が存在しているということです。

人間は脳でおいしさを感じるため、食の行動過程ではさまざまな脳内物質が働きます。アヘンやモルヒネなどの麻薬には、鎮痛作用や陶酔作用のほかに、摂食を促進する作用もあり、このような薬物を全身に投与すると、多くの哺乳類において摂食量が増加することが報告されています。しかも、その効果は動物が本来好む味刺激に選択的に応答することが知られています。

脳内にもともと存在する内因性のモルヒネ類似物質が、「β《ベータ》-エンドルフィン」です。β-エンドルフィンは脳内麻薬ともいわれ、いったん好きになったものを「やみつき」にさせる作用があります。

おいしく感じる情報は、「報酬系」として知られる脳の腹側被蓋野《ふくそくひがいや》や側坐核《そくざかく》と呼ばれる部位に送られ、もっと食べたいという感情を生み出します。このとき「ドーパミン」を中心とした神経伝達物質が働きます。ドーパミンは、「食欲」を引き起こす物質です。自分の好物を見ただけで、ドーパミンが分泌され、食欲がかきたてられます。一口食べて、味の情報が脳に入ると、報酬系はさらに活性化されます。その情報が視床下部に送られると、摂食促進物質が放出され、実際に食べる行為へとつながっていきます。

長い飢餓の時代を生きてきた私たちの祖先は、おいしいものを求め、積極的に食べたくなる強力で巧妙な脳のしくみを整えてきました。それが今の時代は、私たちがおいしさをより強く求めることで、β-エンドルフィンやドーパミンといった脳内物質がたくさん分泌され、その結果、摂食中枢のアクセルが強く踏まれ、満腹中枢のブレーキでは抑えきれない状態を作り出したといえます。すなわち、脳内麻薬物質を出させる食べものが身の回りにあふれていることが、社会の肥満を増加させている大きな要因のひとつです。

つい食べすぎてしまうのは、食べものが報酬系を刺激して、私たちに快感を与えすぎるからでしょう。つまり、おいしい食べものは、ヒトの脳内ホルモンを暴走させ、本人の意思とは別に、食べる行動を変え、さらにはその身体をも変えてしまう力があるということです。

未来　食と身体の進化の未来図

（1）健康になるためのテクノロジー

「ニュートリゲノミクス」と「テーラーメイド栄養学」

私たちの祖先が〝道具〟を発明し、より消化のいい食べものやよりおいしい食べものを作ってきたことで、私たちの身体も変化してきました。人はテクノロジーを生み出してきたとともに、そのテクノロジーによって自らの身体も変えてきたともいえます。これからも同じように、新しい食のテクノロジーの登場によって、私たちの身体や健康状態は変化することになるでしょう。

個々人の血液マーカー、遺伝子のタイプ、腸内細菌などは、簡便な検査キットの普及によってある程度知ることができるようになりました。さらにその個別データを利用して、その人に合った「個別化食」を作ることも注目を集めています。

ヒトにはわずかな遺伝子の違いがあり、その個体差は「遺伝子多型《たけい》」とよばれています。この遺伝子多型が、アレルギー体質や薬に対する効きやすさなどの違いを生み出しています。

医療から始まった個別化、すなわちテーラーメイド化は、現在、栄養分野にも波及しており、個人個人の体質や遺伝子多型に合った栄養指導としての「テーラーメイド栄養学」があります。薬だけでなく、食品がヒトの身体に及ぼす影響の程度も、人によって違うことがあります。これは、遺伝子多型によって、栄養素の消化、吸収、代謝、利用などに個人差があるためです。

食品の摂取にともなって起こる遺伝子発現を網羅的に解析する手法は、「ニュートリゲノミクス」とよばれ、個人の「体質」を調べるのに用いられています。個々人の遺伝子多型を考慮した適切な食事を摂ることで、「個の疾病予防」や「個の健康増進」に有効な役割を果たすことが期待されています。ニュートリゲノミクスによる遺伝子多型研究や、胎児期のエピジェネティクス研究などにより、ふだんの生活から、個人に最適な食のデザインを目指す「テーラーメイド栄養学」にますます注目が集まっていくでしょう。

栄養学は、これまで「マス」を対象としたものでしたが、ライフステージや性別による「グループ」、さらに遺伝子多型に基づいた「個」を対象とした学問へと変わりつつあります。

未来が求める「個別化食」

個人の健康意識や好み、さらに各自の思想などに合わせた料理が、新しいテクノロジーによって作られようとしています。血液・遺伝子・腸内細菌検査の簡易型キットやアプリの登場などによって、健康意識が高い人、持病のある人、肥満や高齢の人などは、健康増進や疾病予防のために「個別化食」を利用したいと考えることが増えるでしょう。

自分に合った食を求める背景には、大きく3つの欲求があると考えています。1つ目は「健康になりたい」という欲求、2つ目は「特別食を食べたい」という欲求、3つ目は「食で共感したい」という欲求です。

1つ目の健康を意識するきっかけには、自分の遺伝子型、血液マーカー、腸内細菌のデータを知ることや、食と健康の科学的根拠にふれることなどがあります。それらにより、自分に合う健康増進法、疾病予防法の知識を得たい、個別化食を実践したいと思う人が増えるのではないでしょうか。

また、2つ目の特別食は、まず緊急性の高い、高齢者の嚥下《えんげ》困難者向けの食や食物アレルギー患者向けの食などが対象となるでしょう。食べられるものが限られ、食事のバリエーションが比較的乏しいそれらの食を個人に合わせて作ることは、食の満足度を高めたり、飽き

がこないようにするのに役立ちます。特別食がある程度軌道に乗れば、その後、健康、おいしさ、新しさに対応した普通の人向けの個別化食も登場することでしょう。

　最後、３つ目の食による共感は、個々人のレシピ・料理のオープンソース化による共有が、ひとつのきっかけになるのではないかと思います。「同じ料理を食べる」という経験が、共感、共有の意識を生むのに効果的です。たとえば、イスラム教徒は、戒律によって食べられるものが限られています。そのため、イスラム教徒とそうでない人が、見た目が同じ料理を食べながら、気楽に食卓を一緒に囲むことにはハードルがあります。それが、3Dフードプリンタ等のテクノロジーで、宗教の戒律に応じた食を適した形態で提供できるようになれば、宗教や思想を超えた共食が可能となり、これまでできなかった新しい食コミュニケーションが生まれるのではないかと思います。個別化食が、コミュニケーションの深化にとって、ひとつの引き金となるかもしれません。

「気づいたら120歳」

お話ししたように、未来には、「自分を知りたい、自分に合ったものを食べたい、食により人と関わりたい」という欲求を背景に、ヘルスチェック機能、食の栄養・嗜好・生体調節機能、さらに食の社交的な機能などを合わせもつ「個別化食」が登場するでしょう。

ヘルスチェック用のキット、アプリ、サービスの汎用化によって、健康意識の高い人だけでなく、そうでない人にも個別化の食が広がっていくと予想されます。さらに、テクノロジーの進化によって、皮膚等に埋め込むタイプの血液検査チップといったスマートヘルスケア器具、また、腸内細菌自動測定機能がついたトイレなど、自動的に健康をチェックしてくれる器具、設備、サービスがアイデアとして登場しています。ビッグデータを活用したサービスが提供され、個人の体質や体調に最適化されたアドバイスがなされるでしょう。

いつもの定期健康診断も、24時間着用できるタイプの検査になることで、リアルタイムの体調チェックや腸内細菌変動の可視化なども可能となります。ウェアラブルのさらに先はトランスペアレント、すなわち目に見えない検査技術が登場し、日常の生活内で特に意識することなく、自分の健康が自動でチェックされている方向へテクノロジーが進化していくと予想されます。

未来の健康は、ふだん特に意識しなくても、さまざまなテクノロジーが先回りして健康維持をサポートしてくれる、いわば〝見えない医者〟、〝見えない管理栄養士〟によって支えられるでしょう。「気がついたら、１２０歳になっていた」となる人がひょっとしたら続出するかもしれません。

（2）ヒトは未来食によってどう進化するのか

人類は、食欲や肥満を制御できるのか

個人の身体の変化ではなく、人類の進化というスケールでみたとき、ヒトの身体は、これからどう変わっていくのでしょうか。

この数千年の間に農業が始まり、さらに産業化、公衆衛生、新しいテクノロジーの誕生といったさまざまな文化的発展などによって、ヒトの身体は変わってきました。そして身体の進化は、今なお続いています。特に食は、太古の昔から現在まで大きく影響しています。

人類は、食事や病原菌、環境の変化に対応し、結果として自然選択されてきました。ここ数百年間のテクノロジーの進歩によって、食環境は急激に変わってきましたが、私たちの身体は、未だにかなりの部分が数百万年前の環境条件に適したままになっています。

たとえば、私たちが受け継いだ身体と私たちが作り上げてきた新しい環境とのギャップが、これまでお話ししてきたように、肥満やⅡ型糖尿病などにつながっています。ヒトの身体は、食べものがなかった時代から、食べようと思えばたくさん食べることができる環境の変化に

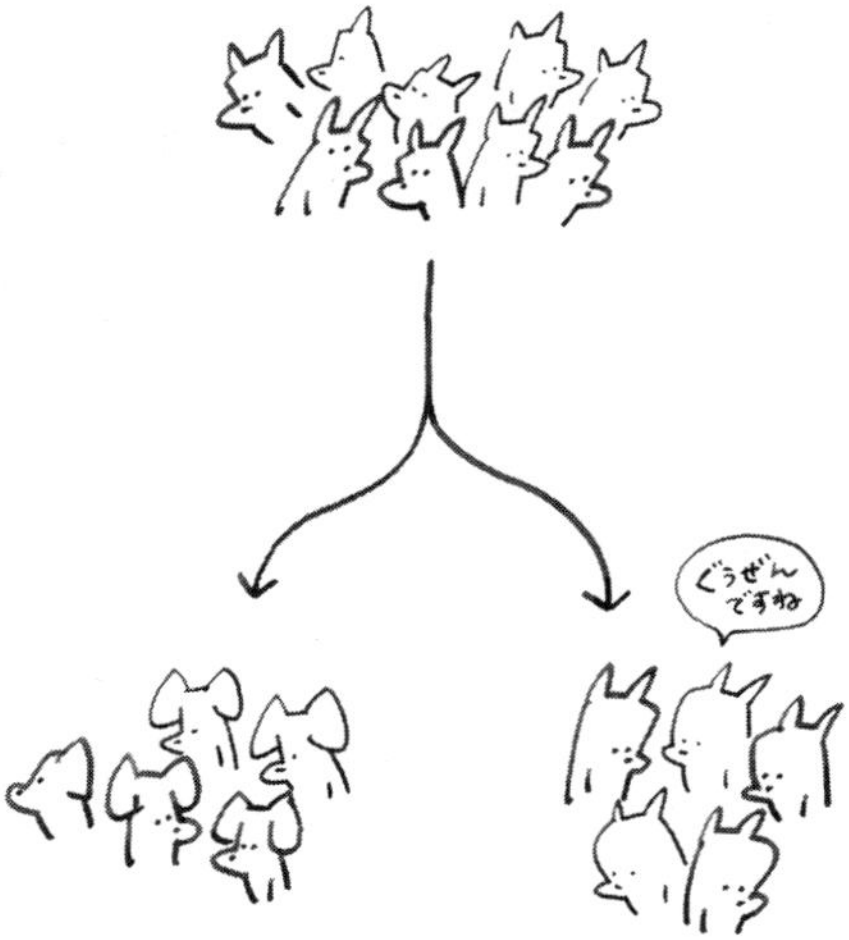

十分に対応できていないと言えます。その環境の変化に対応できていないこと、すなわち〝進化的なミスマッチ〟が、私たちをいろいろな病気にかかりやすくさせています。

人類は、そのミスマッチをサイエンスとテクノロジーで解消するように努めていくでしょう。

たとえば、高度肥満者の食欲を抑えるため、現在「食欲の制御」による治療が行われています。食欲抑制剤として日本で唯一承認されているマジンドールという分子は、脳内でのアドレナリン、ドーパミン、セロトニンの作用を弱め、食欲抑制と代謝を促進させることで、体重を減少させます。また、「脳深部刺激療法」という脳手術により、挿入した電極の電気刺激によって、満腹中枢を刺激して食欲を抑えるということも行われました。

どちらの食欲抑制法も、副作用が知られています。食欲抑制剤には依存性があり、電気刺激により食欲を抑えられたのちに陽気な性格が消え、活動性が低下した人の例も知られています。

未来の人間が、肥満の抑制を望むのであれば、将来、食欲をよりマイルドに抑えるような機能性食品や、〝脳刺激帽子〟といったものによる満腹中枢や報酬系へのゆるやかな電気刺激などが行われる可能性があります。しかし、生命維持の根幹に関わる食欲を操作するのは、並大抵の難しさでないことは確かです。

頭脳効率化人間の可能性

脳に手を加えず、ヒトの脳を大きく変えることはできるのでしょうか。

アフリカのナイル川に生育しているエレファントノーズフィッシュという魚の脳は、極端に大きいことで知られています。身体に対する脳の重量比率は3パーセントほどで、ヒトを上回るほどです。さらに、脳によるエネルギー消費量の割合は、身体全体の60パーセントほどにもなり、ヒトの約20パーセントという数字を大きく超え、脊椎動物中で最大です。エレファントノーズフィッシュは、発電する魚として知られており、微弱な電流を流してレーダーのように使用し、その電場を知覚するために脳が極端に大きくなったといわれています。

ヒトでも、この魚と似たようなことが起こるかもしれません。スイス・チューリッヒ大学の神経科学者アルコ・ゴーシュ氏らが、２０１４年に『Current Biology』で発表した研究結果によると、スマートフォン利用者の脳では、頭頂葉《とうちょうよう》にある「体性感覚皮質」に肥大・活性化がみられました。つまりスマホを使うことで、人は過去に類を見ないほど親指を活発に動かすようになり、さらにそれを日常的に継続することで、脳が鍛えられているというものです。これと同様の変化は、音楽家などの脳にもみられ、バイオリニストの脳では、指の動きをつかさどる部位が一般人よりも発達していることがわかっています。

効率化した〝脳のごはん〟には、第１章でお話しした液体の「完全食」のような食が求められるでしょう。液体食は、消化・代謝などに使われる「食事誘発性熱産生」が少なくてすみ、その分のエネルギーを脳の活動にまわすことができます。高度に効率化した食事や外的刺激などによって、私たちの脳を急速に発達させる環境は、現時点でもある程度整っています。医療の現場では、ある種の薬物や、特殊な刺激コイルを用いて、頭の外側から大脳を局所的に刺激する治療である「経頭蓋《けいとうがい》磁気刺激法」の装置などによって、私たちの神経細胞の能力を高めることが検討されています。

将来、食べ過ぎたエネルギーが身体に脂肪として溜まるのではなく、脳で効率的に消費するタイプのヒトが残り、その結果、記憶や知能が大幅に増大するかもしれません。未来において、脳へのエネルギー供給に優れたタイプのヒトが、より子孫が残せる環境であれば、その遺伝子が自然選抜されていくかもしれません。これまでの人類の進化の過程で、腸が小さく、脳が大きくなっていったように、より効率のよい食事の登場などによって、頭脳効率化人間が優勢になる可能性が全くないわけではないでしょう。

私たちの身体は、食テクノロジーで進化していくのか

ヒトの進化上の身体の変化、基本的な体型や知能といったものは、大枠はストップした兆候があるといわれています。現代にあるさまざまなテクノロジーによって、私たちの祖先が直面してきた厳しい環境による進化の選択圧は、ほとんどなくなっています。たとえば、極端な偏食であっても、食べられるものを安定的に手に入れることができれば、生存し、子孫

を残すことができます。

しかし、遺伝子や分子のレベルでみれば、進化は絶え間なく続いているといえます。牛を家畜化して、牛乳を飲むようになると、乳糖を分解する酵素をもつ人間が増えたように、農業という革命が生み出した食事に適応するうちに、変異がいくつも起きました。

人間は、基本的には健康な相手を配偶者に選ぼうとするので、進化はこのレベルで不適当な遺伝子を今も排除し続けています。たとえば、健康に関わる遺伝子によって、私たちは自然選択されていくのでしょうか。

感染症に対する免疫の弱い人には自然選択が働くように、飽食の環境下において、肥満関連遺伝子をもっている人が、後世に子どもを残せないなら、それらの遺伝子は社会の遺伝子プールから取り除かれるようになると予想されます。しかし、実際には、肥満は繁殖力にはほとんど影響せず、まただいたいは繁殖を終えた年齢で問題になってくることが多いため、自然選択に作用する影響はゆるやかであると考えられています。

また、遺伝子による自然選択に関して、次のような報告もあります。コロンビア大学などが参加した共同研究チームが、米国とイギリスに暮らす21万人のゲノムを分析する大規模な調査を行った結果、アルツハイマー病の発症に関連するＡＰＯＥ遺伝子は、70歳以上の女性にはほとんど変異がみられませんでした。また、重度の喫煙癖に関与するＣＨＲＮＡ３遺伝子の変異は中高年にみられますが、長生きする人にはその遺伝子変異がほとんど存在しないことが報告されています。つまり、これらの突然変異をもたない人々は、生存率が高く、すなわち長生きする確率が高いと研究者らは示唆しています。さらに、これらの遺伝子変異をもつ人が少なくなり、やがてはアルツハイマー病やヘビースモーカーになりやすい遺伝子変異をもつ人が地球上からいなくなることもありえます。これらの結果が意味するのは、人間の遺伝子が今も自然淘汰にさらされ、選択圧を受けているということです。しかしなぜ、アルツハイマー病や中年の喫煙など、繁殖を終えた年齢以降に問題となりうる遺伝子変異が、淘汰されつつあるのかは明らかになっていません。

人類の身体の進化の未来を考える上で重要なのは、見た目や機能に対応した遺伝子変異が、「環境に有利か不利か」という適者生存の原理です。食による身体の変化が自然選択されるかどうかは、その環境によります。特に未来の私たちの身体は、身の回りのテクノロジーが少なからず影響を及ぼすことになるでしょう。

（３）脱身体化するヒト、脱人間化するヒト

脳のサイボーグ化と集合脳は、食の体験をどう変えるのか

何かを食べているとき、それを認識しているのは、私たちの舌ではなく、脳です。たとえば、寿司を食べると、口の中でネタやシャリが物理的にバラバラにされますが、寿司の風味や食感という「情報」もそれぞれバラバラにされ、味覚、嗅覚、触覚として別々に知覚されます。分解されたそれらの情報が脳の各部位へと伝わり、「寿司特有の神経ネットワークの興奮パターン」として統合され、過去の情報と照らし合わされることによって最終的に寿司と識別されます。そのため、もしこの寿司の神経刺激パターンを脳内で再現することができたら、寿司を食べなくても、その風味や食感を感じることができます。つまり、脳だけで、その料理を〝味わえる〟というわけですが、そのようなことが果たして可能なのでしょうか。

ＳＦ作家のアーサー・Ｃ・クラークは、１９６２年出版の『未来のプロフィル』の中で、頭脳と肉体の未来について「人工の記憶をテープにとり、それが電気またはその他の手法で頭脳の中に送り込むことがもしできれば、ハリウッドの大資本によって製作されるどんな映

画よりも、はるかに生き生きとした、いうなれば身代わり経験を被験者に与えることができるだろう」と語っています。このアイデアを実現するための〝プロトタイプ〟は、もうすでに私たちのいる現実世界に存在しています。

「記憶をテープにとる」という過程は、ＭＲＩ（磁気共鳴画像法）などの高度な脳スキャナーが、１９９０年代から導入されたことで現実味を帯びてきました。さらに、「記憶を脳に送り込む」ということも、プローブを使った脳深部への刺激や「脳波ヘルメット」により一部実現しています。

たとえば、すでに医療の現場では、全身麻痺の患者の脳に人工的なインプラントを行い、その人の脳波による通信で、外部の機械の腕を遠隔操作により自由に動かすことができるようになっています。そのため、いずれ脳にマイクロチップなどを埋め込んでサイボーグ化し、無線通信で思い出の料理、感動した料理の神経刺激パターンを記録し、好きなときに「あの日あのときあの場所の料理」を脳内で再生することも実現可能になるかもしれません。

さらに、脳内チップを通してサイバー空間から他人の脳波パターンを受け取れるようになることも考えられます。いわゆる「集合脳」です。食の思い出などは、その個人の体験によるものなので、たとえば、同じ寿司を食べても、人によって脳の神経ネットワークの構成は違っているでしょう。そのため、他の人の脳内の反応を自分の脳内で再現しても、もとの人が感じるものとは完全に同じにはならないはずです。しかし、場合によっては、クラーク氏の予言のように、脳内チップを通して他人が作った感動の一部は受け取れるかもしれません。いずれにせよ、集合脳による食体験の共有は、〝究極の共感食〟となるでしょう。

「光合成人間」という〝不食者〟への憧憬

肉類を食べるのをやめ、野菜を中心とした食事をする人はベジタリアン、動物性のものをすべて避ける人はヴィーガン、果物しか食べない人はフルータリアン、スープやジュースなどの液体しかとらない人はリキッダリアンとよばれています。水以外、一切の食事をやめることを実践している人もおり、ブレサリアン、すなわちブレス＝呼吸だけで生きる人と名づけられています。

現代の栄養学の観点で考えれば、食べものの摂取量がゼロになると、身体は、通常グリコーゲン、体脂肪、そして筋肉の蓄えを燃やし、生きるためのエネルギー源とします。絶食によって、身体の基礎代謝が落ちて消費エネルギーは極端に減り、腸内細菌も栄養素を最大限活用するような細菌叢へと変化していきます。ブレサリアンという行為は、致命的な活動であり、その実践者には、飢餓と脱水症で死亡する人もいます。また、ブレサリアンの主張のひとつに、呼吸法や日光浴の重要性があります。

ブレサリアンのライフスタイルを支持する人からかいま見えるのは、〝不食〟という「食べないこと」への憧れと、陽の光を浴びて生きる「植物になりたい」という感情です。葉緑体による光合成の機能を獲得し、「光合成人間」になりたいという願望を暗に感じます。

SFの世界には、光合成人間がよく登場します。米国の作家マイクル・ビショップ氏の『樹海伝説』をはじめ、映画や漫画にも光合成する人間はよく描かれます。

現実の世界でも、光合成は必ずしも植物だけの特権ではありません。自然界には「光合成を利用する動物」も存在します。たとえば、葉っぱのように見えるエリシア・クロロティカというウミウシの一種は、藻を食べて葉緑体を吸収し、藻の遺伝子を利用して光合成を行います。藻類の光合成遺伝子がウミウシに水平伝播（親から子ではなく個体間で起こる遺伝子の取り込み）している可能性が示唆されています。

また、脊椎動物であるサンショウウオの一種にも、光合成をする生物が存在します。背中に黄色い斑点のあるキボシサンショウウオは、緑藻《りょくそう》と共生関係にあることが1950年代からわかっていました。さらに2010年に、この緑藻は、サンショウウオの胚の細胞の中にまで侵入していることがわかりました。細胞内に入った緑藻は、ミトコンドリアに接して存在することが多く、これは、緑藻が光合成によって作りだした酸素と炭水化物をミトコンドリアが即座に利用するためと考えられています。キボシサンショウウオは、自己認識のプロセス、すなわち免疫系が他の脊椎動物と異なるので、光合成できる藻を細胞内に収容することができるようです。

「光合成ウミウシ」や「光合成サンショウウオ」のように、ヒトの体の中に光合成システムを何らかの〝技〟で導入することができれば、太陽エネルギーを利用する〝光を食べる人間〟となるのでしょう。

光合成人間には、今の私たちの食風景は、どのように映るのでしょうか。

SF作家の橋元淳一郎氏は、光合成人間が誕生すれば、飲食産業はすべて消滅して、食文化の終焉を迎え、人間の価値観は激変するといっています。光合成人間からすれば、今の私たちの食生活は、人の脳みそを食べたり、心臓をくりぬくような行為に対して私たちが覚える感覚と似た野蛮さを感じるものかもしれません。

次の第3章で紹介しますが、光合成人間の存在は、食のもつ残虐性や攻撃性といった側面を浮き彫りにするでしょう。不食に憧れる要因のひとつは、この残虐性の回避なのかもしれません。

生命をデザインできたら、食は初期搭載されるのか

今の自分がもつことができる身体は、〝身につけている〟身体だけですが、倫理的な問題は当然あるとしても、サイボーグ化や、遺伝子工学、ゲノム編集等で遺伝子を操作することで、自由に身体を改変できたら、私たちは自分自身をどのような形態にデザインするのでしょうか。

進化の過程で、私たちは基本的に既存の生物学的な遺伝の仕組みを超えられません。しかし、既存ゲノムの再構築や新しいゲノムの設計を目標とした「合成生物学」によって、身体

を自由に組み立てることができたらどうでしょうか。食べるという機能は、その〝設計図〟に残されるのでしょうか。その基盤となる「人工生命体」や「人造人間」を作るための種は、すでに蒔かれています。

2003年に、ヒトのゲノムの全塩基配列を解析するプロジェクト「ヒトゲノム計画」が完了しましたが、第2のヒトゲノム計画である「ゲノム合成計画(The Genome Project-Write)」が、2016年に立ち上がっています。さらに、「人間がデザインした人工のゲノムをもつ細胞」がすでに登場し、2010年に論文発表されています。この進化の系統樹から外れた「人工生命体」は、自然界に存在する生物と同じように遺伝子を子孫に受け継ぐことができます。

地球で最初に誕生した生物は、蓄積された「有機的スープ」を食べる従属栄養生物だったと考えられています。この従属栄養生物を第1の従属栄養生物とすれば、その後に光エネルギーを利用して有機物を合成する、つまり光合成を行う独立栄養生物があらわれ、さらにその後に独立栄養生物が作りだした有機物を利用する第2の従属栄養生物が出現したと考えられています。栄養素を外から調達するか、それとも自ら生み出すか、ヒトがそれを自由に選べるようになったら、どちらを選択するのでしょうか。

２００４年から合成生物学の国際学生コンテスト「iGEM」が開かれ、参加者が微生物を使ってイメージ通りの「生物」を作れるか競い合っています。もし、「人間が別の惑星で暮らすために、どのような特性が必要か」といったお題が出され、合成生物学によって、ヒトに必要な特性を〝インテリジェント・デザイン〟できると考えた場合、「食べる」をどう扱うのでしょうか。惑星間の移動や食料の輸送・生産などを考えると、ヒトの身体に対する食の機能を改変するアイデアも当然出てくるかもしれません。

ヒトが、光合成できる独立栄養生物といった〝食べない〟多細胞生物になれば、身体の消化器系の臓器はすべて不要になり、身体はコンパクトになります。さらに、食事を作ったり、食べたり、トイレに行ったりする手間もなくなります。

また、食べる機能を残したとしても、食べものが私たちのような有機物ではなく、宇宙飛行機や惑星で入手しやすい無機物や岩石などから活動のためのエネルギーを得る生命体へ改変されることも考えられます。

「意思による進化」を可能とする合成生物学の進歩を目《ま》の当たりにするにつれて、今の食べるという行為は、時代遅れとなるのではなかろうかという疑問がふつふつと湧き上がってきます。

うらしま太郎
と
未来ごはん
数百年後、地上に戻った太郎はその後…
老人ホーム
カメハウス
うらしまさん、お食事です
お口に合いませんか?
ひとつぶのんで下さいね
Power

もう10日も
食事
してない
死ぬのも
時間の問題か？
ちょっと
散歩
ハーイ
毎日、海辺を
走ってるんだよ
すごいね
ホラ、あの
完全食を
のんでるから

第3章

「未来の心」はどうなるか

——食と心の進化論——

過去

人は食べる時、何を思ってきたか

（1）食の思想、イデオロギー、アイデンティティ

私たちは「思想」で食べている

スーパーマーケットで食材やお惣菜を買うとき、また、外食の際に数あるメニューの中から料理を選ぶときなど、何を選ぶべきか悩んで、なかなか決められないことはないでしょうか。私たちが、お店で食べものや料理を選ぶときや食べるときの「心」に目を向ける出発点として、人がものを食べる際に、何を思ってきたのかという歴史を振り返ってみましょう。

この本の中でも何気なく「食」という言葉を使っていますが、食には、食べる「モノ(food)」と、食べる「コト(eat)」、両方の意味があります。おいしい食を考えるとき、おいしさの要因が、目の前にある料理というモノにあるのか、仲間と楽しく食卓を囲んでいるというコトにあるのかは、人それぞれでしょう。

食べることには、その人特有の意思や意識が潜んでいます。何を食べるか、どのように食べるか、なぜ食べるかには、必ずといっていいほどその人の〝マイルール〟が存在します。

宗教の禁忌によって食べないこともあれば、ベジタリアン食や話題の食を好んで食べるということや、小さい頃からの好き嫌いで食べる食べないということもあります。食べるという行為には、個人や集団、時代や文化などの考え方が入っています。ちょっと大げさにいえば、「思想的な食の選択」を私たちは日々行っています。

米国の文化人類学者マーヴィン・ハリス氏は、「食べものというのは、胃袋に入る前に、集合精神の飢えを満たさなければならない」、つまり「食べるものを選択できるのであれば、個々の食べものの特性ではなく、人々の思考パターンによって決まる」と話しています。

ふだん私たちがものを食べるときは、食に対する精神、観念、価値体系などといったことをいちいち気にかけません。食が習慣化されているため、立ち止まって考える必要性がないからです。食の思想といったものを自覚するのは、親しんできた食習慣や食行動に変化が生じたり、異質な食文化や食環境に出会ったときです。たとえば、旅行、転居、結婚、入院などをした際には、食についてふだんよりも強く何かを思うことがあるでしょう。

今、そこにあるスシ

日本人が思う「寿司」と海外の人が思う「sushi」は、必ずしも一致しません。それがはっきりあらわれたのが、2006年、海外での間違った日本食の蔓延を危惧した日本の農林水産省が、正しい日本食店を認証する「海外日本食レストラン認証制度」の創設を発表したところ、海外メディアから一斉にバッシングを受けるという〝事件〟でした。「スシポリスが日本からやってくる」と揶揄《やゆ》され、多くの非難を集めたことなどで、最終的に農水省は実施を見送りました。スシに対する〝保護主義〟と〝自由主義〟というある種の「食のイデオロギー対立」が起こったといえます。

日本人からみるとちょっと怪しげなものであっても、現地の人にすればれっきとしたスシであることは間違いありません。同じように日本やアメリカのピザも、イタリア人は憤りを覚えるかもしれないでしょうし、インド人からすれば日本のカレーも奇妙に感じることでしょう。第1章でもお話ししたように、おいしい料理は、国境を越え、その土地で変容し、多様化する宿命をもっています。

また食べものは、政治的なイデオロギーなどにわかりやすく使われることもあります。日本国内では、「日本米」がイデオロギーに利用されていた時代がありました。1930年代の満州事変の頃、「日本米が、日本の国体を守る国民心性を育み、天皇制を支えるひとつの土台になる」と賛美されました。また、第二次世界大戦時のドイツでは、ヒトラーが自らのベジタリアン思想を用いて、意志力の強さは菜食主義にあると述べ、戦争に勝つための「正しい食」のあり方を主張していました。それは「ベジタリアン・イデオロギー」と呼べるものでした。

人々の考えを誘導し、その行動を左右するために使われてきた歴史が示すように、食は集団の心をつかんだり、動かしたりする支配的な力をもっています。

食のアイデンティティによる受容と排除の二面性

私たちは、ふだん、個人的な特徴とまわりにある社会集団との関わりの中で、自分が何者なのかを定義して、社会的なアイデンティティを作り上げています。「何を食べるか」「どのように食べるか」といったことは、すべてアイデンティティの形成作業につながっています。

中世ヨーロッパの貴族の食事などでは、食べる行為が、自己イメージや他人に対してのイメージを作り出し、社会的地位、身分、人気について暗示することで、ステータスシンボルの役目も果たしてきました。また現代でも、オーガニックの野菜を食べる人やファストフードの牛丼を食べる人に、固定観念的な見方を抱く人もいるでしょう。食べるという個人の行為は、社会的な意味をもち、人々のアイデンティティの構築に重要な役割を果たしています。

さらに、食によるアイデンティティは、個人だけではなく、国家や地域、人種や階層、ジェンダーなどのヒエラルキー形成にも反映され、強化されています。前述したスシは、日本人にとって「国民食」の代表であり、だからこそ「ナショナル・アイデンティティ」を感じやすい対象です。そのため、自分たちが思い描くスシと異なるスシを目にすると、感情を揺さぶられる人が多いのでしょう。他の国、韓国であればキムチ、米国であれば感謝祭の七面鳥、英国であればフィッシュ・アンド・チップス、オーストラリアであればベジマイト（パンなどに塗る塩辛いジャムのようなもの）などが国民食にあたるといわれ、それぞれの食べものが、その国のアイデンティティ形成に深く関与しています。さらに、地域、人種・民族、家庭などには、それぞれの「ソウルフード」があり、それらが精神的な支えになっている場合もあります。

日本の国民食のひとつといえるものに、梅干しがあります。日本に来た外国人が、初めて梅干しを食べる動画がSNSなどに多数投稿されており、その多くは、見た目やにおいからは予想できない塩《しょ》っぱさに、顔をしかめたり、悶絶《もんぜつ》したりしています。この反応は、その人が日本の食文化に馴染んでいないことを示しています。つまり、梅干しのような日本っぽいものを普通に食べることは、そうした人が日本人である可能性が高いことを示す一方、驚くような反応を示す人はそうではないことを暗示しています。

スシや梅干しの例が示すのは、食が、集団や個人のアイデンティティにとって大事な要素であり、とりわけ、その人がどの国家や地域、人種・民族に属しているかを明らかにするものだということです。人々の間で維持されてきた食文化は、個々の帰属意識を育む際に重要な役割を果たしています。たとえば、お正月に食べるおせち料理や雑煮《ぞうに》などは、家族のアイデンティティ、自己のアイデンティティの形成に関与してきたことでしょう。

①いつ
②だれと
③どこで
④なにを
⑤どのように
食べるのか？

梅干しを食べる、食べないといった食行動は、その人が〝うちわの仲間〟なのか、〝部外者〟なのかの違いを明確にします。そうした食による〝境界線〟が、アイデンティティを維持し、私たちに自分と他人を区

別する認識をもたらしています。つまり、特定の食べものの選択や、特定の食べ方が、所属する集団を結束させる一方、その枠から外れる人は、集団から排除される場合があるということです。食のアイデンティティは、集団における受容と排除というコインの裏表のような二面性をもつ、とてもシンボリックなものとして私たちのごく身近に存在しています。

（2）栄養思想、美食思想、ベジタリアニズム思想

食べものと人との関連が、「神」から「モノ」になった時代

食べものへの考え方が揺さぶられるのは、梅干しを初めて食べたときのように、異質な食文化に出会ったときです。日本人が、食の考え方の違いに遭遇《そうぐう》した例のひとつは、明治の文明開化でした。牛肉を食べることが文明開化の象徴と考えられ、牛肉を使ったすき焼きが大流行しました。明治の思想家たちは、外交交渉のために取り入れた肉食という西洋の表面的な食文化ではなく、その背後にある西洋独自の「食の思想」に衝撃を受けました。すなわち、肉食の背景にある栄養思想を始めとした「科学的思考」に驚き、その後、積極的にその思想

を受容し、日本の産業発展に利用していきました。その食の思想とは、どのようなものだったのでしょうか。

現代栄養学は、第2章でもお話ししたように、18世紀、化学者のラボアジエが、生命の生存の本質は酸素が体内物質を燃焼させることにあると提唱したことで発展していきました。栄養学やそれ以前の科学思想がなかった時代、食べたものが自分の身体の中でどのように変化していくのか、不思議に思った人は多かったことでしょう。この食べものと人の関係は、宗教とさまざまな関連づけがなされています。

西洋の思想を支えてきたキリスト教は、食に関する独自の規制・秩序を作ってきました。聖書には、「食べて良いもの」と「食べてはいけないもの」を選別し、一方は神聖化し、他方はタブー視するという「食の選別思想」が生まれました。キリスト教によって神聖化された代表的な食べもののひとつが、「パン」でしょう。イエスの言葉として「わたしがいのちのパンである」「わたしは、天から降ってきた生きたパンである。このパンを食べるならばその人は永遠に生きる」などとあることからも、パンは、イエス・キリストとともに生きるための「霊的な糧《かて》」を示唆しているといわれています。

それが近代になり、ヨーロッパの食の思想は、ルネサンス、新大陸の発見、宗教改革などを経由して、18世紀の市民革命や産業革命が進行し、意識改革の大きな波を受けました。そのひとつが、食と人の科学的解明を目的とした「栄養思想」でした。

栄養思想によって、食も人も、ともに独立した物質として考えられるようになり、「栄養素」という考え方も生まれてきました。栄養素という概念は、それまでは「神」が仲介していた食べものと人間を、霊的なものではなく、物質が関連づけるようになったものといえます。かつての宗教的な世界観に代わって、科学的根拠に基づいた「栄養素思想」が発展しているのが現代です。

「食の快楽の肯定」から「食の美学」の樹立へ

食は人間の生命維持に不可欠であるため、食の欲求は、本能的なものとみなされてきました。その欲求は動物にも共通していますが、人間の食の欲求には、文化的、精神的な面も関わっている点が特徴といえます。しかし、キリスト教の強い影響下にあった時代には、食欲は性欲と同じように罪の観念と結びつけられ、研究はあまりなされませんでした。

それを大きく変えたのは、フランスのガストロノミーの思想的な基盤を作ったブリア=サヴァランの影響でした。サヴァランの『美味礼賛』は、食の領域で美の世界を創造しようという「美食思想」が最初に示された本でした。

おいしさは、人間に快楽をもたらします。快楽を伴う欲求は、それ自身が大きくなっていくという特徴をもっており、制御が難しいと言われています。精神分析学者のフロイトは、性的欲求を動かす原理を「快楽原則」と名づけていますが、おいしさを求める食の欲求もこの快楽原則に従います。

食べることの快楽には、生理的な空腹の解消だけではなく、文化的、精神的な欲求の充足もあります。つまり、おいしさへの欲求は、芸術における「美の探求」と同じように、人間の感性に訴えるものだと考えられるようになってきました。

おいしいものを食べたいという欲求が、人間を創造へと向かわせ、食を美や芸術の世界へと広める文化を作り上げてきました。それを支えてきたのが、人々の「美食思想」であり、最初にそれが一般に広まったのが19世紀のフランスでした。

フランスを始めとする近代ヨーロッパの美食思想は、現代の美食文化の理論基盤を形成しました。美食思想はまず、おいしさがもつ本能的な意味を踏まえ、食べることの快楽を肯定することから始まりました。その上で、そのおいしさのもつ精神的な意味を理解し、料理技術や芸術的観点から料理の価値や役割を評価し、さらに新たなおいしさを創造していくものでした。それは、食の領域における美の創造として、芸術の世界に「食の美学」を打ち立てるものでもありました。

この思想は、現代の私たちの間でも主流となっているものです。「美食思想」と前述した「栄養思想」は、宗教に代わる思想となり、科学・技術、そして文化というレベルになったといえます。

ベジタリアン思想から見える食の社会性

ベジタリアンは、広義には畜肉（や魚）を食べることへの忌避・否定という価値観や思想を背景にもっている人を指す言葉で、そのようなベジタリアンを支えている思想と実践は「ベジタリアニズム」といわれています。そのため、ベジタリアニズムは、倫理的な性格をもつとされています。

第2章でもお話ししたように、進化の過程で、ヒトは植物性食品も動物性食品も食べる雑食動物となりました。草食動物が肉を避けるのとは違って、あえて動物性の肉を食べることを拒否するというのは、人間には食べものの選択権があることを意味します。そのため、ベジタリアニズムはきわめて〝人間的〟な食の思想と言えます。西洋では、２５００年以上前から、意識的、精神的、倫理的なベジタリアニズムを実践する人たちがあらわれ、現在まで継続されてきました。

ベジタリアンは健康上の理由を始めとして、個人的な理由から、その食生活を選択していますが、そこには肉食社会に対するある種の抗議や違和感の意識が存在する場合もあります。食は、もともと個人的な営みでありますが、肉食社会でのベジタリアンの選択は、ある種社会的なメッセージをもつことになります。

ロシアの小説家、思想家のレフ・トルストイは、晩年をベジタリアンとして過ごしましたが、その動機はきわめて思想的なものでした。トルストイは、「食とは人の生き方や人間関係、社会のあり方に結びついているものであり、食べることは人間性の問題であり、社会的な問題」と語っています。

食育やフードロスなどが社会問題として扱われるのも、食自体が社会性をもつことが理由です。現代人にとって食べるということは、単なる生命維持ではなく、各人の「スタンス」「生き方」「思想」が問われるような行為となっています。

(3) 食のタブー

スペインの豚肉へのこだわり

前述したように、世界の主要な宗教において食べものは、人間が作ったものではなく、「神が与えてくれるもの」、「自然が与えてくれるもの」といった考え方が基本となっています。そのため、食べものへの宗教特有の関わり方があります。具体的な内容は、各宗教の経典や教義に示されていますが、特徴的なのは、ほとんどの場合、食べものへの制限、すなわち「タブー」が存在することです。

以前、スペインを訪れた際、街中で生ハムの原型である豚もも肉の塊を大量に吊るしてある風景を頻繁に目にしました。スペインの食肉文化には、興味深い「独自性」があります。世界の食肉生産高は四十数パーセントが牛で占められているのに対し、スペインでは、約38パーセントが豚で生産高第1位となっています。さらに、世界的には8パーセント以下しかない羊・山羊《やぎ》が、スペインでは15パーセント近くを占めていて、ほとんど鶏に近い扱いとなっています。近隣のイタリアは60パーセント以上、フランスは50パーセント以上が、牛肉の生産で占められていることからも、スペインの牛肉比率が26パーセントというのはきわめて低いということがわかります。

スペインのこの食肉比率の特徴は、スペインが位置するイベリア半島の地理的要因、すなわち、気候条件が過酷で牛のための牧草が生育しにくい土地であることや、山羊の牧畜がかろうじて可能な険しい山岳地帯という自然環境の要因が大きいと考えられます。

しかし、もう1つ、スペイン食文化研究者の渡辺万里氏は、豚肉優位のスペイン料理を解釈する上で、興味深い理由を指摘しています。中世前期のイベリア半島は、イスラム教徒、ユダヤ教徒、キリスト教徒が混在する時代でした。この時期、イスラム教徒とキリスト教徒の間でたびたび戦いが起こりましたが、一応は三者が共存していました。キリスト教王国内、ユダヤ人居住地区、イスラム教徒支配地区が、それぞれのルールのもとに肉を扱っていました。

キリスト教徒の王国内では、早い時期に肉屋という職業が確立し、豚肉を始めとして、牛や羊などのすべての肉が扱われていました。一方、ユダヤ教徒は、「動物の血を食してはならない」という条件で、教えに従って処理したものを食べました。また、イスラム教徒は、ユダヤ教徒に似ていましたが、野獣や荷役獣《にやくじゆう》などを食べることが禁じられていたので、彼らが食べたのは、牛、羊、山羊などで、その中でも羊は重要な部分を占めていました。イスラム教徒はいっさい豚肉を食べませんでした。

キリスト教徒は8世紀初頭から1492年までのレコンキスタ（国土回復運動）によって、かつての支配者であったイスラム教徒と豊かな経済力をもつユダヤ教徒に対して、宗教を盾に追放、もしくは改宗と財産の没収を条件に居住を許すという方法で、その勢力の一掃をはかりました。キリスト教に改宗してスペインに残ることを選んだイスラム教徒やユダヤ教徒は、常に異端審問の恐怖に怯えながら暮らすことになりました。隣人すら異端審問会への密告者となるかもしれない状況で、改宗者にとっては、キリスト教徒が好む豚肉を食べることが、改宗を裏付け、生き延びるための重要な証拠になりました。豚肉を食べることが、いわば〝踏み絵〟だったのでしょう。

このようにして、現代のスペイン料理は、キリスト教徒の教えが基盤となって、隠されながらもイスラム教やユダヤ教の影響が加えられ、豚肉と羊・山羊肉の影響力の強い料理が存在するようになりました。このことは、宗教にとって、食べるということがきわめて意識的、精神的な行為であることの裏付けでもあるでしょう。

牛肉は食べるのに、なぜ猫肉は食べないのか

宗教に食のタブーはつきものですが、人間の生理的なタブー食といえるものもたくさん存在します。人間は、植物、動物、菌類など、広範囲の食材を食べますが、何でも食べているわけではありません。世の中に存在する、食べることができるものの中で、実際に食べているものはごく一部です。

栄養学的にみれば、人にとって消化・吸収・代謝されないもの、さらに腸内細菌などにも利用されないようなもの、たとえば金属の塊などは、当然口には入れません。私たちが金属の塊をなぜ食べないのかは、生物学的な理由で説明できます。

しかし、人間が食べないものの多くは、生物学的な観点からは説明できないものばかりです。ある社会では食べものと見なされず、忌み嫌われているものが、別の場所では食べられ、時には贅沢な食べものとして崇《あが》められている場合もあります。食べる・食べないの選択の理由として、牛乳の乳糖不耐症のように遺伝的な理由で説明できるものは、少数です。

日本人がブラッドソーセージに顔をしかめ、ドイツ人がタコを忌み嫌い、米国人が馬を食

べようとは露《つゆ》ほども思わないことを考えると、人が何を食べ、何を食べないかを決める際には、「生物学的なものを超えた何か」がきっと関係しているのでしょう。牛肉や豚肉を好きな人は多いでしょうが、猫肉が好きという人はほとんど聞きません。そもそも猫肉を食べたことがない人がほとんどでしょう。

ある食べものを食べるのは、その食べものが入手しやすいからでも、身体に良いからでも、健康に良いからでも、おいしいからでもない可能性があります。人は、ほとんど非実用的、非合理的、無益としか思えない、不可解な食べものの取捨選択をする場合が実は少なくありません。

私たちは、食の長い歴史や文化、また個人のこれまでの食体験といった〝文脈〟の下で食べものを選んでいます。「人の食品選択がなぜ起こるのか」を理解するのはとても難しいですが、なぜ牛肉を食べて猫肉を食べないのかなどを知ろうとすれば、その背景にある食文化や食習慣、さらに個人や社会の「食への意識」がみえてきます。

たとえば、第1章でお話しした昆虫食の普及には、これまで昆虫を食べてこなかった人々が、昆虫食への意識を変えることができるかが大きなポイントです。現在、昆虫は、地球規模でのタンパク質不足を補うための代替源として注目されています。「昆虫食が、地球の持続可能性の切り札になるのではないか」という合意が次第に形成されつつあります。人々の持続可能性、環境負荷低減に関する意識、考えが、昆虫食を手に取らせ、これまでの食文化や食習慣をひょっとしたら少しずつ変えていくかもしれません。

「食の倫理」の未来は「進化倫理学」で

テクノロジーの進化によって、新しい食が次々と生まれています。その代表的なもののひとつに、第1章であげた「人工培養肉」があります。牛などの細胞を培養して作ったハンバーガーのニュースなどをみるたび、「食×テクノロジー」への人々の関心は高い一方で、人が培養した人工肉を食べることへの「良し悪し」を議論する気配は、あまり表にはあらわれてきてはいないように感じます。

技術的には牛だけでなく、ヒトの細胞培養肉を食べることも可能となっています。『The In Vitro Meat Cookbook』という「空想の人工培養肉」の料理本には、現代のセレブたちの幹細胞から培養された「Celebrity Cube」という仮想の肉が載っています。人肉を食べる「カニバリズム」は、未来においてもタブーである可能性が高いでしょうが、ヒトの培養肉を食べるのは果たしてタブーなのか、はっきりとした答えは出ていません。

また、宗教上、肉を食べることができない人にとって、培養肉は食べることが果たして許されるのでしょうか。経典が確立した当時、培養した肉を得るという概念はなかったはずです。培養肉は宗教的にOKなのか、それともNGなのか、テクノロジーの進化に対して、食の倫理に関する議論はまだ十分に追いついていません。

テクノロジーが発展した社会で、私たちは何を秩序とし、何を規範とするのでしょうか。それには、私たちが未来で食に対してどのように感じるのか、その心を予測することが大切です。

「私が何を食べようが、私の勝手」「すべて自己責任」と考える人がいるかもしれません。しかし、食べることは単なる個人的な行為ではなく、社会的な側面もあり、最終的に人が何を食べてよく、何を食べてはいけないかは、少なからず社会の「倫理」や「道徳」の影響を受けるでしょう。

「進化倫理学」という、進化論の視点を取り入れて、人間の道徳規範について論じる学問分野があります。将来、人工培養肉などが商業的に入手可能になっても、進化倫理学的に議論されて、制限される可能性もあるでしょう。未来の私たちが何を食べているか、序章でお話しした「穴居人の原理」ともいえる食の進化倫理学を踏まえながら、じっくりと考えていく必要があるのではないでしょうか。

現在　人は食に何を期待しているのか

（１）私はどうしてこの料理を選んだのか（人→食）

選んだ食から感情が測定できるか

「何か、おいしいものが食べたい」と思ったとき、具体的な料理を想像する人は多いかと思います。しかし、なぜおいしい料理を食べたいと思ったのかという自分の気持ちを深く考える人は少ないのではないでしょうか。人々の関心は、目に見えない心理でなく、目に見える料理に向かいがちです。

また、自分以外の人に何か料理を作ろうとするとき、いかにおいしい料理を作ろうかと考える人は多くても、相手が食べてどう感じるかに注意を払う人はさほど多くないかもしれません。おいしい料理を提供するには、食べる人が「何を食べたか」以外に、この料理を食べるとき「どういう気持ちになるか」を察するのも大切です。

料理を作る人の中には、食べる人の感情を、可視化、数値化したい人もいるのではないでしょうか。実際に、顔認識技術や音声の情報から感情を読み取る試みなどが行われています。食べるという行為には、私たちの食に対する気持ちがあらわれます。メニューに載っている数ある料理の中から、たったひとつの料理を選ぶとき、私たちは何を期待しているのでしょうか。その人の顔や声だけでなく、選んだ食べもの自体からも心理がかいま見えてきます。また、以前よりはかなり少なくなったかもしれませんが、1人でラーメン屋や牛丼チェーンに入りにくいと感じている女性や、おしゃれなカフェやスイーツの店に入りにくいと感じている男性は少なからずいるのではないでしょうか。食にはそれぞれイメージがあり、その食が、私たちの心や行動に影響を与えています。

さらに、人と人とが一緒に食べることは、家庭の内だけでなく外でも、人同士が親しくなるためのコミュニケーションの潤滑油として認識されています。食を介した人と社会の関係

から、私たちと社会が食でつながっていることもみてとれます。

ここでは、そのような「人が食に対して感じていること（人→食）」、「食が人に与えていること（食→人）」、さらに「食が人と社会とをつないでいること（人→食→社会）」という3つの題材について、現在の私たちの身の回りにある例でそれぞれみていきたいと思います。

ストレス試験からみえる食に求めるもの

「ストレスを感じると辛い料理やコーヒーの苦味や炭酸がおいしい」と思う人もいるのではないでしょうか。おいしさは、「食べもの」だけに存在するのではなく、それを「食べる人」、そして「その人が置かれた状態」によっても影響を受けるものです。その一例として、「精神的なストレスが、食べもののおいしさにどのような影響を与えるか」という研究があります。

米国ニュージャージー州のモントクレア州立大学のデブラ・A・ゼルナー氏らの研究では、まず男女に、解決可能なアナグラム（言葉を並び替えて別の意味のある言葉にする遊び）と解決不可能なアナグラムをそれぞれ解いてもらいました。解決不可能なアナグラムは、解決できないので「ストレス状態」を引き起こします。

その結果、解決不可能なアナグラムを解くことを求められた女性は、チョコレートやピーナッツを多く食べました。一方、解決可能なアナグラムを解いた女性は、ブドウをより多く摂取することがわかりました。この結果だけですと、ストレス状態になった女性が、チョコレートを多く食べたのは、解決不可能な課題にチャレンジすることにより消費したエネルギーを補うためで、糖や脂肪を多く含むものを食べるのは、効率的にエネルギーを補給するためであろうと推察できます。

しかし、同様の実験を男性に行うと、解決不可能な課題を課された男性は、解決可能なアナグラムを解いた男性に比べて、摂取量を一様に低下させました。すなわち、「ストレスを引き起こすと、女性はエネルギー摂取過剰に向かい、男性はエネルギー摂取抑制に向かう」という結果です。

この実験の最も興味深い点は、「女性がチョコレートやピーナッツを多く食べたのは、ストレスによって失われた単なるエネルギーの補給という理由ではない」という示唆です。私たちは、栄養を摂取するためだけに食べているわけではなく、「おいしさを楽しみ、安心感や満足感を得ることで、不安やストレスを解消している可能性がある」と解釈できる実験結果だといえます。

食への保守と革新

私たち人間は、いろいろなものを食べる雑食性動物です。それに対し、基本的にパンダはササだけを食べ、コアラはユーカリの葉だけを食べます。動物の生き残り戦略を考えると、雑食性動物の方が、慣れ親しんだ食べものが入手困難な状況になったとしても、それ以外の食べられるものへと嗜好をシフトすることによって飢餓を脱し、生存する確率を高めることができます。雑食性動物は環境適応性に優れた生きものといえます。

しかしその一方で、新たに見つけ出した食べものが毒性をもっていたり、栄養バランスが悪いものであれば、健康を損《そこ》ね、最悪死に至る可能性があります。そのため、雑食性動物は、新しい食べものを食べるときには、必ずそのリスクと対峙しなければなりません。

すなわち雑食性動物は、食べたことのないものを食べるのを躊躇《ちゅうちょ》する「食物新奇性恐怖」と、積極的に食べようとする「食物新奇性嗜好」という相矛盾する行動傾向を、生まれながらに合わせもっているといえます。私たちが抱く「定番のものが食べたい一方で、ちょっと変わったものも食べたい」というジレンマは、雑食の動物だからこそ湧き出る感情なのでしょう。パンダやコアラのように決まったものしか食べない単食性動物には感じ得ない悩みかもしれません。

雑食性動物がもつ食べものの新奇性恐怖と新奇性嗜好のジレンマを解消してきたもののひとつが、人の「調理」という行為です。食べたことのない食材、たとえば昆虫をそのままの〝原型〟で出されると、拒否感を抱く人が多いですが、粉にしてチップスなど、見慣れたお菓子のかたちで提供されれば、食べる人は確実に増えます。さらに慣れ親しんだ調味料で味付けしたものなどであれば、「あっ、意外とおいしい」と好評価を得るかもしれません。この調理という操作が、新奇なものを食べるという恐怖を緩和させるのに一役買っています。

私たちの祖先は、やむを得ず目の前にあるものを食べることも多かったですが、食べたことのないものを好奇心で自分たちの調理法の中に組み込み、新たな食事のレパートリーとして加えてもきました。さらに、食材を調理することによって、そのままでは食べられないものも食べられるものに変え、毒のあるものでさえ解毒して食べてきました。たとえば、熱帯・亜熱帯地方で重要な食材である芋類のキャッサバのある種には、有毒な青酸配糖体が含まれています。しかし、人間は加工や調理の過程でこの毒性の成分を除去し、モチモチしたタピオカとして食べています。

「同じものばかり食べるのは飽きる」「新しいものが食べたい」という雑食性動物の根源的

ともいえる欲求は、これからの未来もずっとあり続けることでしょう。

（2）自分を映す鏡としての食（食→人）

食は語ってしまう

食べものには、私たちが感じる「イメージ」があります。そのイメージが積み重なって、社会集団の中で誇張された「ステレオタイプ」になる場合もあります。そして、時には食べもののイメージやステレオタイプが、それを食べる人自身の印象を作ります。米国の心理学者キャロル・ネメロフ氏らによる「食は人となり（"you are what you eat"）仮説」の研究が有名です。

行われた実験は、未知の民族についての断片的な情報をもとに、実験参加者がその部族の典型的な男性像を評定するというものでした。実験参加者は大きく2つのグループに分けられ、それぞれに異なる情報が伝えられました。まず、猪《いのしし》と亀を狩って生活するチャンドラン族についての記述を提示し、一方のグループには「猪は食料として、亀は甲羅を得るため」、もう一方のグループには「亀は食料として、猪は牙を得るため」と説明しました。この情報提示後に、その民族の典型的な男性像の印象を聞いたところ、猪を食べると説明された群は「足が速い」「寿命が短い」と答え、亀を食べると説明された群では「泳ぎがうまい」「長生き」と答えました。つまり、食料として説明された動物の特徴をそのままあらわすような印象が、それを食べている人に形成されやすいということが示されました。

私たちは、その人が食べているものから性格、人格、社会的役割などを少なからず想像してしまうようです。逆にいえば、どのようなものを食べるかで、他人に抱かせたいイメージを自らある程度コントロールできるということでもあります。私たちがどのような食べものを選んでどのように食べるかは、このような「食のイメージ」と密接に関係しています。

「食は人となり」？　それとも「人は食となり」？

序章でもお話ししましたが、ブリア＝サヴァランの『美味礼賛』の中に、「普段何を食べているのか言ってごらんなさい。あなたがどんな人だか言ってみせましょう」という有名なフレーズがあります。それは、まさに「食は人となり」をあらわす言葉です。しかし、その逆の考え方、つまり、「食は人となり」ではなく、「人は食となり」という考えもあるのではないかと思います。

たとえば、自分のお気に入りの人が、SNSなどに載せた食べものを食べたいと思ったことはないでしょうか。また、栄養ドリンクの宣伝には活動的なイメージの人が、かわいいお菓子のCMには愛らしいイメージの人などが起用される場合があります。

食を提供する側が、優しい人のイメージ、アグレッシブな人のイメージ、キュートな人のイメージを、それらの食べものに投影させようとしています。「好きな人が食べているものが、好きになる」という「ハロー（光背）効果」と呼ばれる現象です。ハロー効果とは、「ある対象を評価する際に、ある側面で望ましい特性を持っていると、事実の確認もなしに他の諸側面までが望ましいとみなされてしまう現象」とされています。農産物や市販の商品では、それに付随する産地やメーカーなどの情報がハロー効果となる場合があり、食べもの全体の評価に影響を及ぼしています。

社会的なイメージがすでに固まっている商品などに、ハロー効果は発揮されにくいでしょうが、色がまだついていない新商品などには、いい人のイメージ、共感したい人のイメージの〝移植〟が、宣伝上、盛んに行われています。そのようなイメージが長い間積み重なり、ブランドは物語となっていくのでしょう。

時系列でいうと、「食べている人のイメージが、食品に定着する」→「定着した食品のイメージが、人にまた移る」の2ステップで、私たちは「人と食との関係」を感じているのかもしれません。そのため、「食は人をあらわす」の前に、私は「人は食をあらわす」と唱えたいと思います。

ファッションフード

見た目やパッケージなどによって引き起こされる先入観によって、私たちのおいしさの判断は、実に簡単に変わります。

たとえば、実際に食べているのは同じマグロの赤身のにぎり寿司でも、色を変えただけのにぎり寿司の写真を見せられると、感じられるおいしさや生臭さも変わっていきます。また、食べ慣れているミルク分の多いパッケージを見ながら普通のチョコレートを食べたときは、ブラックチョコレートのパッケージを見ながら同じチョコレートを食べたときよりも、甘味は強く、苦味は弱く判断されます。つまり、食べものの見た目やパッケージなどの視覚情報は、私たちの基本的な味覚や、おいしさの判断にも大きく影響を及ぼしているのです。

視覚情報だけでなく、口コミなどの情報によってもおいしさは影響されます。情報の洪水の中に生きる私たちのおいしさの判断は、簡単に変動し、実はかなりいい加減であることを認識しておいた方がいいでしょう。自分が味をわかっているのか、疑ってみる必要があります。

日本ほど世界中のいろいろな料理や食品が食べられる場所は稀有です。メディアでひっきりなしに食の情報が流され、コンビニなどでは、短いスパンで新商品が登場し、棚の商品が絶え間なく入れ替えられています。

現代の日本の食の激しい流行《はや》り廃《すた》りをわかりやすくまとめた、畑中三応子氏の『ファッションフード、あります。』という本が知られています。流行の洋服や音楽、アートやマンガなどのポップカルチャーと同じ次元で消費される食べものが、「ファッションフード」と名付けられています。ファストフード、ティラミス、紅茶キノコ、モツ鍋、B級ご当地グルメ、キャラ弁、塩麹《しおこうじ》などです。

食はある意味、その時代の欲求や願望を映す鏡のようなものです。ファッションフードは、その時代の人の考えや社会情勢などの流行をリアルに浮かび上がらせる格好の材料であるといえるでしょう。

(3) 食べることは、交わること(人→食→社会)

児童書に「食の物語」が多いのはなぜか

昔話や児童書などもあらためて読むと、食にまつわる話が多いことがわかります。世界の絵本や昔話の約8割は、何らかのかたちで「食の物語」であるという報告もあります。

大人になって童話や絵本を読み返すと、物語は現実に則して考えると矛盾だらけで、一般常識が破綻しているものが数多くあります。しかし、長年読み聞かせられている児童書には、子どもの心をとらえる「何か」があるのでしょう。

精神科医の大平健氏は、食にまつわる児童書の世界は、『ぐりとぐら』のようなのどかに〝食べさせ合う世界〟か、『三びきのこぶた』のように凄まじい〝食うか食われるかの世界〟かに偏っていると述べています。子どもたちは、食の絵本や童話を通じ、〝自分のまわり〟

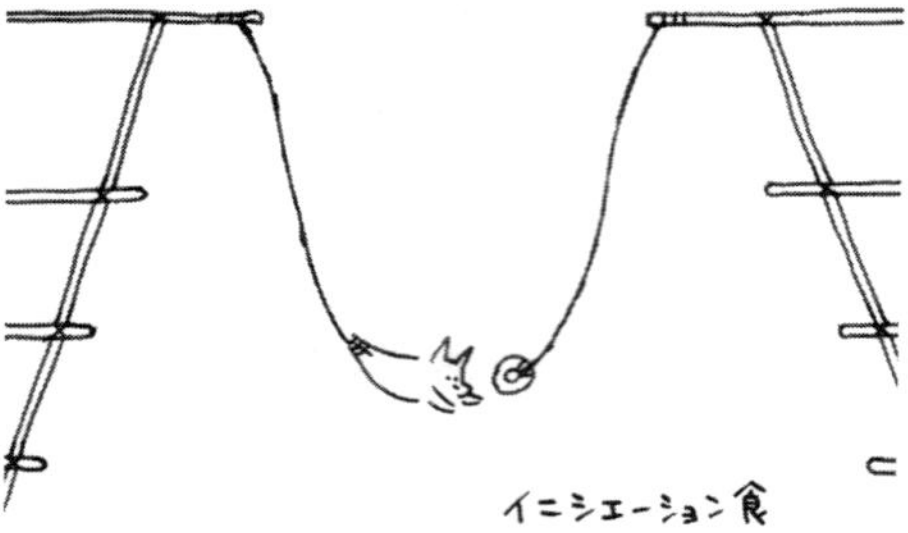

は「食べさせる・食べさせられる」世界と「食う・食われる」世界から成り立っているということを、共存共栄や弱肉強食という言葉を覚える前に察知するのかもしれません。

絵本や昔話に描かれている食のシーンひとつひとつが、人間の欲望や感情のあらわれです。児童文学と食に関して示唆に富む指摘を、川端有子氏の『子どもの本と〈食〉 物語の新しい食べ方』でみることができます。ファンタジーでは、生まれ変わるために、通過儀礼となる「イニシエーション」が必要で、その境を超えることと「食べる」「食べられる」という行為は深い関わりを持っているのではないか、ということです。

食がイニシエーションのモチーフになるのは、食べることがそもそも食物新奇性恐怖をともなう「他者を自分に取り込む行為」であるからかもしれません。さらに、成長過程にある子どもにとって、食べるという自分の外から身体の内にものを取りこむことは、恐怖以上に「大きくなる」という〝快感〟であり、「自分の身に起こる不可解な感覚」です。つまり、児童書に食の話が多く、それを子どもが好むのは、「自分の中に異質な世界を取り入れながら成長すること」を本能的に納得させてくれるからなのかもしれません。

食と性はオーバーラップする

川端氏は、「子どもの本における食は、おとなの文学における性の代替であると言われることが多い」と指摘しています。食べる行為は、セクシュアリティと同様に、身体に意識を向けることにもつながっています。食と性が、〝オーバーラップ〟する理由として、前述した大平氏は、それらの「構造」が似ていることを指摘しています。

それは、食も性も、「交流性・一体化」と「攻撃性・被攻撃性」の領域に分かれていること、さらに「愛」というテーマが、食にも性にも影響を与えていることです。それがうまくあらわされている物語を２つ紹介します。

絵本『かいじゅうたちのいるところ』で、かいじゅうたちが「おれたちは たべちゃいた

いほど　おまえが　すきなんだ。たべてやるから　いかないで」と主人公に涙を流しながら訴えるシーンがあります。また、宮崎駿監督の映画『千と千尋《ちひろ》の神隠し』にもよく似た場面があります。異質なキャラクターの「カオナシ」は、食べものだけでなく湯屋の従業員も飲み込んで、どんどん肥大化します。カオナシは、プレゼントで主人公の千尋の気を引こうとするものの、千尋は「私の欲しいものはあなたには絶対出せない」と拒否します。なんでも飲み込んでしまうカオナシが「千、欲しい…、千、欲しい」と苦悩するシーンが印象的です。

これらの場面からは、食べることがはらむ攻撃性・被攻撃性がみてとれるだけでなく、愛に基づく交流と一体化を求めていることも露呈されています。

摂食障害から見える食の本質

20世紀後半、食事がとれなくなる拒食症や、逆に大量に食べてしまう過食症といった「摂食障害」が、主に若い女性の抱える問題として欧米諸国や日本で報告されるようになりました。文化人類学者の磯野真穂氏は、摂食障害の女性たちの体験を紹介し、「なぜ彼女たちは普通に食べられなくなったのか」、さらに「私たちが食べるわけ」を検証しています。

磯野氏と同じ文化人類学者のクリフォード・ギアツ氏は、「人間は自ら生み出した意味の網の中で生きる動物である」という有名な言葉を残しています。人はありとあらゆるものに意味づけをする生きものであるといえます。犬や車といった固有名詞のように意味がほぼ普遍化しているものもありますが、私たちが自由に意味を創造できるものも存在します。食べものは、比較的自由に意味づけされるものの代表でしょう。目の前にあるホールケーキを、自分のために用意してくれた心のこもった誕生日ケーキととらえることもできれば、１５０0キロカロリーの糖質と脂質でできたものと意味づけることもできます。

磯野氏は、普通に食べられなくなった女性たちは、食べものへの意味が硬直化し、流動性が失われている状態ではないかと指摘しています。つまり、摂食障害になった人たちは、食のもつ楽しみや交流するツールとしての役割など、これまで食べものに与えてきた意味づけを放棄してしまっているのではないかというのです。そして、食べものにカロリーや栄養素といった意味づけのみを与え、それに従って、食べ方や生き方を制御してしまっているのではないかとも磯野氏は指摘しています。

自分の中で「食べもの＝糖質の塊」という意味しか持てなくなることが、摂食障害の原因のひとつではないでしょうか。食べものが持っている多面的な意味づけを放棄し、他人の作り出した意味づけに従属させられている、もしくは他人の意味づけに従属することを頑なに自分に課さざるをえない状況が、人を普通に食べられなくしているのかもしれません。

食べものには、人それぞれの意味、考え、価値観などが反映されます。食に対して生命維持機能を重視する人は、おのずと完全食のような効率性を重視した食べ方になるでしょうし、食に人と交流する役割を求める人は、誰かと一緒に食べることをより求めるようになるでしょう。食のもつ意味は多様なため、ふだん、自分が食に何を期待しているのかは、気づきにくいでしょう。しかし、食に求めていたものがなくなったとき、たとえば、摂食障害の人が、その人にとって大切だったはずの食の意味づけを知らぬ間に捨て去った瞬間にこそ、食べることの本質がはっきりと浮かび上がってくるのではないかと思います。

未来　人は食に何を思い、何を求めていくのか

（1）食の価値観の未来

食における価値とは何か

未来の私たちが、何を欲求し、何に価値をおくのかを予測することは、決して簡単ではあ

りません。しかし、これまで人間が思ってきたことから、大事な部分を抽出し、できるだけ「不変的なもの」を見つけることができれば、未来の心の予測精度は上がっていくでしょう。

その変わらないものとは、何でしょうか。

まず、人間の不変的な「欲求」に関しては、米国の心理学者アブラハム・マズローが主張した、次の「マズローの欲求５段階説」がよく知られています。

1……生理的欲求
2……安全の欲求
3……所属と愛の欲求
4……承認の欲求
5……自己実現の欲求

1〜5の優先順位で並んだ欲求は、番号の小さい順番にあらわれ、その欲求がある程度満たされると、次の欲求があらわれます。これらの欲求を、食の場面に当てはめて、例を挙げながら考えてみましょう。

ピラミッドの1階の欲求では、その日その日を生きるために食べものを食べ、飢えをしのいでいる状態です。2階に上がると、ただ食べるだけではなく、より安全な食品を求めるようになります。さらに3階では、家族や恋人、友達や仲間などと一緒に食卓を囲むことを重要視します。4階になると、作った料理をおいしいねと言ってもらえることなどが原動力になります。最上階の5階までいけば、料理を作ること自体が大きなアイデンティティとなるでしょう。

このピラミッドでは、マズローの示した各欲求階層のそれぞれのレベルが働いています。食は、生理的欲求を満たしたり、安全・安心を提供してくれるだけではなく、食べるという行為を通じて所属や愛の欲求を満たしたり、尊厳や自尊心を叶えたり、さらには自己実現にも役立つ優良なツールといえます。

一方で、オーストリアの精神科医で心理学者のヴィクトール・E・フランクルは、人間の究極的な欲求として、マズローの最上階の自己実現に反論しました。自己実現や幸福は、おのずと生まれてくるものであり、それを自分の欲求として直接追い求めると本末転倒となり、おかしなことが起こると言っています。

次に、人の欲求の背景にある「価値」、特に時代や状況が変わっても不変的な人間の価値を考えてみましょう。先程のフランクルは、人が実現できる価値には、創造価値、体験価値、態度価値があると言っています。

「創造価値」とは、人間が行動したり何かを作ったりすることで実現される価値で、仕事をしたり、芸術作品を創作したりすることです。「体験価値」とは、人間が何かを体験することで実現される価値で、芸術を鑑賞したり、自然の美しさを体験したり、人を愛したりすることです。

フランクルが最も重要視した「態度価値」は、人間が運命を受け止める態度によって実現される価値です。創造価値や体験価値が奪われたとしても、態度を決める自由が人間に残されているというものです。第二次世界大戦中の強制収容所でフランクルは極限の状況の中にあっても、人間らしい尊厳のある態度を取り続けた人がいたことを目撃しています。

食における態度価値とは何でしょうか。フランクルの著書『夜と霧』に、こんな文章があります。

強制収容所にいたことのある者なら、点呼場や居住棟のあいだで、通りすがりに思いやりのある言葉をかけ、なけなしのパンを譲っていた人びとについて、いくらでも語れるのではないだろうか。そんな人は、たとえほんのひと握りだったにせよ、人は強制収容所に人間をぶちこんですべてを奪うことができるが、たったひとつ、あたえられた環境でいかにふるまうかという、人間としての最後の自由だけは奪えない、実際にそのような例はあったということを証明するのは充分だ。

人が何をどう食べるか、食べないかという「食に向かう姿勢」「食における態度」は、その人の中の「生きる意味」「生きる価値」をあらわす身近なもののひとつとして、これからも存在し続けることでしょう。

食の価値観は〝スーパーダイバーシティ〟へ

食べているものを過去から思い返してみると、その種類は時代とともに増えている感覚が多くの人にあるのではないでしょうか。選べるものの選択肢が多くなり、個人の好みや価値観も多様化しているようにみえます。

一人ひとりが食べたいものが違うのは当然として、同じ一人の人間であっても、時と場合によって食べたいものがコロコロと変わります。十人十色どころか、一人十色といった状態です。食は、国や地域といった集団としての多様性に加え、個人の中にも多様性が存在する「スーパーダイバーシティ（超多様性）」であるといえるでしょう。

スーパーダイバーシティとは、2007年、米国の社会人類学者スティーブン・バートベック氏によって打ち出された概念です。バートベック氏は、英国の移民と少数民族の間だけでなく、その集団の中でも多様性が増していることを示しました。「多様性の多様化」とよばれています。近年になってからは、インターネット等のテクノロジーがさらにスーパーダイバーシティを後押しし、集団だけでなく、個人個人の多様性も増大させています。

食の多様性でみると、日本でそれまで珍しかった海外の食材や料理を目にすることが当たり前になりました。また反対に、日本産の食材が海外へ輸出されたりと、世界の食生活も多様化しています。これは、人の移動によって社会が多様化したのと同じように、食材の移動によって食も多様化したからです。

さらに、個人の食の好みも、ＡＩなどのテクノロジーの進化によって、さらにきめ細やかに反映され、スーパーダイバーシティはより複雑になっていくでしょう。実際、多様化する個人の食の願望に応じて、各々の遺伝子タイプに合った栄養素や食べ方を、テクノロジーを駆使して提案する社会システムなども徐々に構築され始めています。

価値観を「満たして」くれる料理

当たり前ですが、人の顔がそれぞれ違うように、人の価値観も違います。人の求める料理は、食材や調理法などが限られている場合、選べるものは限定されますが、さまざまな食のテクノロジーの発展は、その制約を解消し、選択肢の幅を広げてくれます。そのことで、自分の価値観により合った食べものを選ぶ機会が増えていくでしょう。

人がおいしい、または価値があると思う料理は、単に味がいいというわけではなく、たとえば、本物である、シンプルである、凝っている、驚きをくれる、安らぎをくれる、ワクワクをくれる、安心させてくれる、盛り上げてくれる、人と共感できるなどなど、その人がそれぞれ大切と思っている「価値観を刺激してくれる」もしくは「価値観を満たしてくれる」ものなのではないかと思います。

人生に〃本質〃を求める人は、シンプルな料理を求め、〃本物〃を求める人は、本格的な料理を求めるかもしれません。

逆に、自分が欲しない料理は、自分と価値観が合わなかったり、自分の信条に適さない料理ともいえます。その人が生きる上で重要視している部分、もしくは満たされていない部分が、未来の料理には如実に反映されるのではないでしょうか。

ブリア＝サヴァランの「普段何を食べているのか言ってごらんなさい。あなたがどんな人だか言ってみせましょう」という言葉は、過去や現在よりも、価値観の多様化が顕著にあらわれ、技術が駆使された多種類の食べものがより自由に選べる未来の世界で、よりいっそう重みのある言葉になるのではないかと思います。

（2）食の芸術性の未来

食の理性と感性のハイブリッドが、科学と芸術に及ぼすこと

「食品学」「調理学」「栄養学」といった食の科学は、応用科学であり、研究分野も文系理系を広くまたいでいるため、近年の科学の枠の中では、必ずしも存在感のある学問分野としてとらえられてきませんでした。また、芸術の分野でも、食の芸術や料理の美的表現は、絵画や音楽などを中心としたこれまでの伝統的な芸術界から平等な扱いをされてこなかった歴史があります。

人間にとって不可欠な食には、重要なサイエンスがたくさん潜んでいますし、料理は、他のアート作品に負けずとも劣らない感動を呼び起こします。しかし、純粋科学や純粋芸術の分野と比較して、食の科学や食の芸術への世間の意識が高くないと感じる原因のひとつは、食には「理性食い」と「感性食い」という2つの性質が混在していることではないかと思います。

科学の世界において最も重要なことのひとつは、そこに「論理」があるかです。「自然現

象は物理学的な式であらわすことができる」「生物の遺伝情報はDNAの構造内にある」など、純粋科学の分野のように論理的にきっぱりと言えることは、一般的にとても〝科学的〟に感じられます。

食のサイエンスには、不確定要素がたくさんあります。たとえば、「サラダを思い浮かべて下さい」といわれて、各人がイメージするサラダの姿かたちは全く同じではないでしょうし、サラダに対する個人の好き嫌いなどの感情もそれぞれ異なるでしょう。食べものは、ただの「物質」として認識されているわけではなく、必ず各人の「思想」が付随してきます。そのため、食べるということは、食品の機能性などを重視した「理性食い」をしようとしても、その一方で自分の思想に基づいた「感性食い」を避けることがなかなかできない宿命にあります。論理面のみでバサッと切れない、歯切れの悪いところが、食の科学が科学として認識されにくい要因のひとつではないかと感じます。

また、芸術分野における食の立場も、類似した構造があります。絵画の鑑賞では主に「目」から、音楽の鑑賞では主に「耳」からの情報でその芸術美を堪能します。この視覚、聴覚という、遠い対象物からの感覚を受け取る体験が、純粋芸術の鑑賞としては大切です。また、みるのみ、聞くのみというある種限られた感覚での体験が、芸術感の高揚にとって重要な要因のひとつといわれています。

それに対して食体験は、視覚・聴覚・嗅覚・味覚・触覚という「五感」をフルに使った行為で、純粋芸術の観点からは、私たちの生活に自然に存在しすぎています。また、対象物と近距離で感じるにおい・味・食感といった感覚は、あまりに生々しく、直接的な体験です。さらに、食べることは、物質を口に入れ、咀嚼し、飲み込むことで身体に取り入れ、消化・吸収されなかったものが体外に排泄されるという、一連の肉体的行為でもあります。

つまり、食の芸術は、芸術作品として人の感情を揺さぶる「感性」の要素をもってはいるものの、直接的すぎる感覚であり、また、身体に取り込む物質情報としての「理性」の要素も色濃くあわせもっているといえます。

すなわち、食は、科学の世界でも芸術の世界でも、理性もしくは感性のどちらかに特化することができない〝コウモリ的立場〟にあるといえます。これは一見すると半端な印象を与える一方で、食は理性と感性のちょうどよい〝ハイブリッド〟であり、応用科学や応用芸術の両世界で独特のポジションを取りうるということでしょう。

ガウディが言った「本物の芸術」の条件

食には、その栄養バランスや健康機能を重視する「理性食い」がある一方、「いつもの食卓で食べるのが一番ほっとする」といったその人の感情に左右される「感性食い」があります。食べるという行為は、この理性と感性の配合が人や場合によって変わります。

「おいしさとは何なのか」「人が食べるというのはどういうことなのか」といったことに答えるためには、少なくとも「理性食い」と「感性食い」の両面から研究しないとその本質には迫ることができないのではないでしょうか。食のもつ「芸術性」について考える際も、この理性と感性を統合したアプローチが必要です。

研究対象としての食は、理性と感性が絡み合った混成物であることが、その理解を難しくさせています。どのように両者をとらえればよいのでしょうか。

スペインの建築家アントニ・ガウディは、次のような言葉を残しています。

> われわれ（地中海人）の力である想像の優越性は、感情と理性のつり合いがとれているところにある。北方人種は、強迫観念にとらわれ、感情を押し殺してしまうし、南方人

種は、色彩の過剰に眩惑され、合理性を怠り、怪物を造る。

ガウディの地中海文化への偏愛ぶりは有名で、この言い方も現代では差別的な表現ですが、実際に彼の設計したサグラダ・ファミリアやグエル別邸などを見ると、その「感情と理性のバランス」を理解することができます。それらの建築物は、デザインの斬新さにのみ目を奪われがちですが、隅々に凝らした機能性、特に上からの圧力を均等に支えることができる「放物線アーチ」の多用など、「芸術性と物理的な合理性の融合」が見事に実現されています。ガウディの建築が愛されているのは、理性と感性の調和に、多くの人の心が揺さぶられることが理由の

ひとつではないかと感じます。

この「感情と理性のバランス」は、特定の分野に限らず、あらゆる表現者に普遍的に当てはまる「法則」ではないでしょうか。どんな場面でも、人が自分以外の誰かに何かを表現するとき、無意識にこの感性と理性という２つの要因を天秤《てんびん》にかけているのかもしれません。この法則は、もちろん食や料理の分野にも当てはまるでしょう。

AI時代の「感動させる料理」とは

拙著『料理と科学のおいしい出会い』では、料理のおいしさに「科学」の面から迫りました。科学によっておいしさの一部は証明できますが、もちろんそれだけですべてが説明できるわけではありません。「あの人が作る料理はなぜおいしいのか」ということを多面的に解明しなければ、おいしさの全貌を理解したことにはならないでしょう。私たちは絵画や音楽などで感動するように、料理でも感動が引き起こされます。いったい、これらの感動はどこからやってくるのでしょうか。

現代の芸術哲学の代表者であるスーザン・クナウト・ランガーは、著書『芸術とは何か』の中で、「芸術」について次のような定義を提案しています。

あらゆる芸術は、人間感情を表現する、知覚可能な形式の創作である。

私たちが芸術作品に感動するのは、作品から感じる〞芸術家の感情〞を読みとっているからなのでしょう。

料理で感動するのは、その料理の味や香り、テクスチャーといった科学的側面によるのはもちろんですが、それに加えて、料理の作り手たちの想いも、おいしさの重要な要因であることは多くの人が納得できることでしょう。

ＡＩやロボットによって、技術的な意味で見たこともない料理や、大事な思い出を刺激するような料理は、比較的簡単に作り出されるでしょう。しかし、ロボットであろうと人間であろうと、その作り手の〞感情のひだ〞を、食べる人に感じさせられなければ、真の感動を惹起《じやっき》することは難しいのではないでしょうか。未来の〞人間の料理人〞が、ＡＩ時代に最も注力すべきところは、食べる人の心を揺さぶるその人自身の感情や精神性といった部分だといえます。

（３）おいしさの未来

おいしい料理は、自分を「人間あつかい」してくれる

未来の人がおいしいと思う料理は、食べる人の価値観が大きく影響するでしょう。自分の価値観に合った料理に対して、より満足感を抱く傾向が強まると思います。ふだんものを食べていて、料理の味自体は悪くないのに、なにか〝味気ない〟と思うことがないでしょうか。私はそのようなとき、「料理が自分の方を見ていない」かのような感覚になります。

つまり、料理の作り手が、食べる側を想像して、食べる側の視点に立って作っていることが、おいしさを感じる前提にあり、さらに、食べる側もそのときの自分の欲求や価値観をきちんと自己認識し、作り手の考えをきちんと受け取れていることが確認できて初めて、本当の食のおいしさが生まれるのではないかと思います。

「家庭の味」というフレーズに、ほっとしたり、おいしいイメージを抱く人も多いのではな

いでしょうか。家庭の料理は、多くの人にとって、幼かった頃の自分が、子どもとして保護されつつ、自らも心身を大きく成長させていく時期に、自分のために用意された料理です。単に〝味〟という要因ではなく、むしろ「人間らしさ」が形成されていくときを思い起こさせてくれることが、「家庭の味＝おいしい」の要因ではないかと思います。

これはもちろん、手作りに限った話ではなく、作る側、食べる側の集団規模の大きさによるものでもないでしょう。大量製造の市販品であっても、たとえば単にブランドイメージのために商品を作っているのではなく、きちんと消費者に向き合っている、もしくはそのように感じさせてくれるものは、特段味が優れているわけではなくても、人はおいしく感じるのではないでしょうか。

将来、３Ｄフードプリンタなどによって自動製造された料理は、時短、簡単、便利だけを売りにしたものであれば、限定的な生産現場でしか生き残れないかもしれません。しかし、食べる人それぞれの価値観に対応し、個々の人間性に寄り添うようなものであれば、むしろ求められる場面が多くなるのではないかと思います。

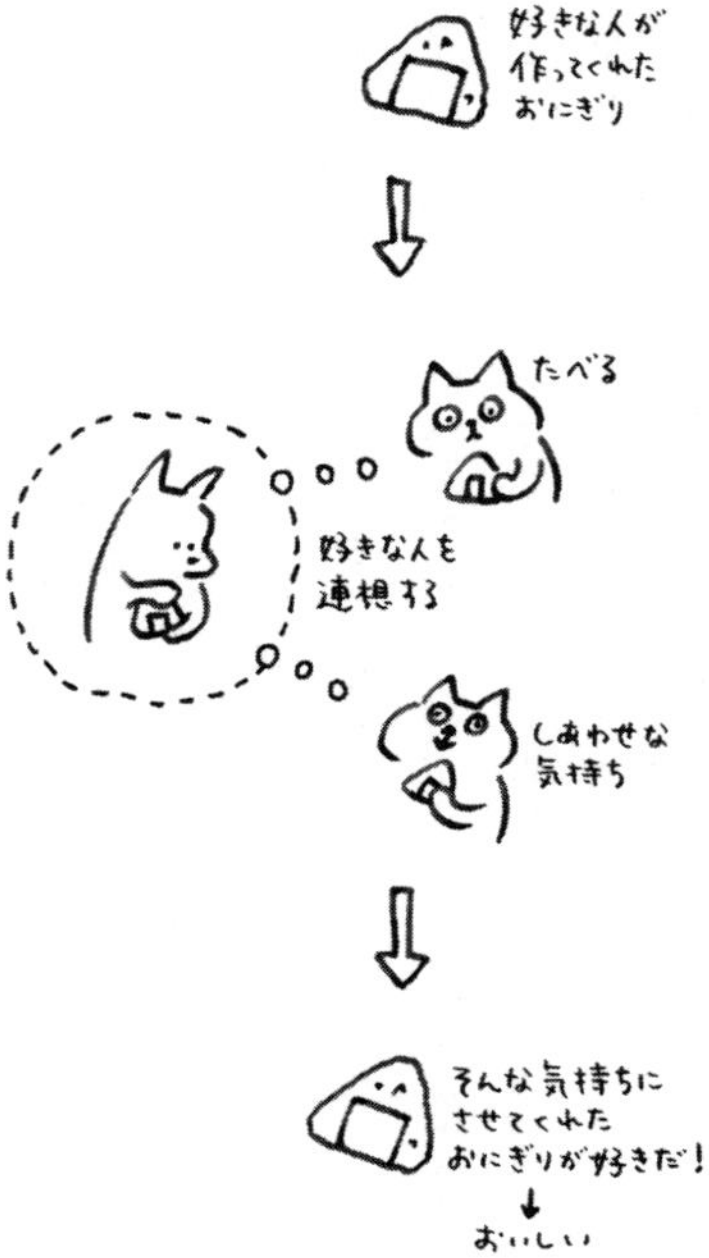
好きな人が
作ってくれた
おにぎり
たべる
好きな人を
連想する
しあわせな
気持ち
そんな気持ちに
させてくれた
おにぎりが好きだ！
おいしい

そもそもおいしさは科学的に解明できるのか

おいしさは、人の脳で判断されています。脳科学からみたおいしさについては、イェール大学の神経科学者ゴードン・M・シェファード氏が『Neurogastronomy（日本語版：美味しさの脳科学）』というタイトルの本を出版しています。背景には、脳神経科学の見地から人間の思考、行動、感情などを理解しようとする思惑があります。

私たちが料理を味わっているときの脳の活動は、脳機能イメージング法という手法によって、人に害を与えず調べることができるようになりました。たとえば、ｆＭＲＩなどを用いて、ソムリエがワインを味わっているときの脳を測定すると、脳の活動する部位が一般の人とは異なっていることがわかっています。空腹時と満腹時の脳活動部位の違い、男女の甘いものに対する違いなども研究されています。

ニューロガストロノミーの研究が進むことで、どのような料理をどのようなシチュエーションで提供すればより満足するのか、その人の脳の活動をスキャンする方が、言葉で話すよりも明快にわかるようになることも考えられます。しかし、脳の活動で、人の気持ちを測るとはどういうことでしょうか。

脳機能研究の進展は目覚ましいものがあり、ｆＭＲＩなどを用いた脳活動部位の分析から、単純な感情を推測することは次第に現実味を帯びてきました。前頭葉の腹側面に位置している前頭眼窩野《がんかや》の活動から、「快か不快か」を予測できるという論文も報告されています。つまり、脳の活動パターンをみることで、その人の食べものの味や見た目の好き嫌いのみならず、おいしいのかおいしくないのか、本当の心情を知ることができるという、何ともありがたいようなありがたくないような時代がくるかもしれません。

しかし、料理の好き嫌いという感情がわかったとしても、料理そのもののおいしさを探るという点では、ニューロガストロノミーには限界があります。「人が何においしさを感じているのか」は、その要因の組み合わせが複雑すぎて、測定するのがとてつもなく難しいからです。

カレーがおいしい理由は、ルーなのか具材なのか、部屋の間接照明がいい感じだったからなのか、たまたまカレーがひさしぶりだったからなのかという点を、脳神経科学で明らかにすることは果たしてできるのでしょうか。少なくとも、測定器の感度向上だけでなく、また違った視点からの解析方法が望まれるでしょう。

ガストロノミーの〝民藝運動〟

ガストロノミーは、日本語では美食学と訳されます。そもそも「ガストロノミー(gastronomy)」という言葉は、1801年に、ギリシア語(gastronomia=gastros〈胃〉+nomos〈規則〉)から作られ、ある詩のタイトルに使われたのが最初です。この言葉は、すぐにフランスとイングランドの両方で、「繊細な食の術と学」を指すのに使われるようになりました。

また、ガストロノミーから作られた「ガストロノーム(gastronome)」という言葉は、「良き食の判定者」を指します。ガストロノームは、通常、個人の「食卓の喜びについての洗練された嗜好」を深めるだけではなく、ガストロノミーに関して書物に記すことなどで、他人の嗜好を深めるのを助ける人とも理解されてきました。そのため、ガストロノミーは、単なるグルメ以上の意味をもち、料理における嗜好についての理論であり、さらにそれを広める役割もありました。

このガストロノミーは、19世紀初頭のフランスの裕福な階級で発展し、当時はエリートの人々のために、「〝正しい嗜好〟の規範を定めるもの」だと考えられました。その社会的立ち位置は都会的、革新的なものであり、農村の自給自足、つまり自分の土地でできた生産物を食べるという伝統とは対極に位置していました。

歴史的にみて、ガストロノミーの考え方は、食べものの選択の幅が狭い人々にはみられませんでした。変化に富んだ食べものや多様で細やかな調理法を得ることで、ガストロノミーの精神性をもつことができると考えられてきました。

当時のフランスの美食家たちは、コース料理のつながり方や、デザートの順番、食べ方も決めていました。ガストロノミーのメッセージは、食における選別、選択、洗練と進んできました。

食べものが昔と比べて自由に選べる現代は、誰もが美食家となりえます。ガストロノミーの視点でおいしさを語りたくなるときは、日常の料理よりも、非日常的な料理を食べたときでしょう。しかし、〝日常のごはん〟にもガストロノミーの考えは存在するのではないでしょうか。

「日常の美」に関して、1926年、柳宗悦《やなぎむねよし》らが、日常的な暮らしの中で使われてきた日用品の中に「用の美」を見出し、活用する運動を起こしました。当時の工芸界は華美な装飾を施した観賞用の作品が主流でした。そんな中、柳たちは、名も無き職人の手から生み出された日常の生活道具を「民藝（民衆的工芸）」と名づけ、「美は生活の中にある」と提唱しました。そして、各地の風土から生まれ、生活に根ざした民藝には、用に則した「健全な美」が宿っていると、新しい「美の見方」や「美の価値観」を世に示しました。

食の世界でも、民藝のように、豪華な料理だけでなく、一般の人の手から生み出された日常の料理に健全なおいしさが宿っているものが数多くあります。ガストロノミーは裕福な階級から生まれましたが、現代はボトムアップ型のガストロノミーが求められる時代となっているのではないかと思います。

現代社会で「おいしさが求められている」と私が特に感じるのが、高級なグルメの分野ではなく、災害時、幼少期、高齢期といった分野です。災害時には心の安心のためにほっとさせるおいしさが何より求められ、幼少期は味覚の発達に重要な時期であり、高齢期ではおいしくないと唾液の分泌が減り誤嚥《ごえん》のリスクも高まります。

個人的な「願望の未来」として、これらの「おいしさ弱者」に立たされてしまう人に向けた、ふだんの食に美を見出す〝ガストロノミーの民藝活動〟が推進されることを願っています。

かぐや姫と未来ごはん
コラム
翁と媼に聞く、かぐやAIの魅力。
学習型コミュニケーションロボット かぐやAIは食事をすることもできた。
おいしい おいしい
かぐやさん!
世界中から集めた高級料理です
?
おいしい食べものをください
かぐやをください
りそうのAIだ!

巷で人気の最先端料理です
？
自然食材で体にやさしいです
？
私の国の料理を作りました
？
うっとりした気分になる料理です
？
かぐやにはわからなかった
おいしいって何ですか？
かぐやと一緒なら何でもおいしいよ
私はどうして食べるんだろう

第4章

「未来の環境」はどうなるか　――食と環境の進化論――

過去

食の生産、キッチン、食卓の歴史

（1）人と食べものの量的・質的変化の予測

客観的な〝予言の書〟と〝新予言の書〟

いつの時代も、世間で話題となる食の未来の心配ごとは、「将来、食べていけるのか」ということでしょう。世界の人口が急増する現代はなおさらです。

食糧危機の〝予言の書〟として有名なのは、ドネラ・H・メドウズらによって１９７２年に出版された『成長の限界』です。２１００年までに起こるであろうことを、当時まだ発展途上にあったコンピュータのシミュレーションを駆使して予想しました。そこから得た結論は「今後、大きな変化がなければ、やがて人類によって地球が物理的限界を超え、危機を迎える」というものでした。

その40年後の２０１２年、『成長の限界』の共著者であったヨルゲン・ランダース氏は『２０５２』という〝新予言の書〟ともいえる本を出しています。持続不可能な方向に進みつつある地球に対して、人類がどんな行動をとっていくのか、もしくはとらないのかを、世界のキーパーソン41人の観測を踏まえて、今後40年間の予測を取りまとめています。『２０５２』には、シナリオ分析という手法を採用し、コンピュータシミュレーションモデルで予想された「最も実現確率の高い近未来」が描かれています。

人口予測のカギは世界の都市化

「人口はいつピークを迎えるのか」と「ピークになったとき、地球全体の人間が十分に食べられるのか」という需要、消費の予測は、食の未来を考える際に、知りたいことのひとつでしょう。

世界人口は、１９６０年代に30億人に増えましたが、そのわずか30年後の１９９０年代には倍の60億人に達し、２０１０年代には70億人を突破しています。国連が２年おきに発表している「世界人口展望」によると、２０５０年の世界人口は98億人、２１００年には１１２億人に達すると予測されています。ただし、将来の出生パターンは基本的に従来と大きく変わらないという仮定での予測です。

一方、前述したランダース氏は、世界人口は、２０４０年代に約81億人とピークを迎え、その後は減少していくと予測しています。その根拠は、飢餓でも環境汚染でも疫病《えきびょう》でもなく、都市に住む何十億もの世帯が、自発的に子どもの数を減らすことになるという考えです。すでに現在、世界人口の半分以上が都市部に住んでいますが、発展途上国の工業化によって、より都市化が進むとされています。大多数の人々が都市で生活するようになると、子だくさんは利益をもたらさないと考える人が多くなるとみられています。人口が密集した巨大都市で子どもが1人増えるということは、食べる口がひとつ増え、学校へ通わせるべき人間が1人増えるということであり、農作業などの仕事の手伝いをしてくれる人間が1人増えるわけではありません。都市化からの出生率の低下は、世界共通の〝法則〟となっています。

人口には個人の寿命も大きく関係しますが、医学の進歩によって伝染病等が根絶され、順調にいけば2052年の世界の平均寿命は75歳を超えると予想されています。寿命が延びる一方で、女性1人あたりの子どもの総出生率は、過去40年で4・5から2・5に減少し、21世紀半ばには、女性1人あたりの子どもの数は約1人になるだろうと考えられています。世界的な人口減社会は、すでにそうなっている今の日本の傾向を考えればあっさりやってくる気がします。

未来に食べものは足りなくならないが……

食の未来に関してもうひとつ知りたいのが、「増えていく人口分の食糧を、地球が作れるのか」という供給、生産の予測です。1798年、トマス・ロバート・マルサスは『人口論』で、「人口は幾何級数的に増加するが、食糧の供給は算術級数的にしか増加しないため、人口は食糧の供給能力の枠内に抑制される」と予測しました。

将来の世界の総人口は、都市化等によっていずれ頭打ちになると仮定しても、しばらくは増加します。その人たちを食べさせるだけの十分な食糧は果たして作れるのでしょうか。

ランダース氏の予測では、少なくとも2052年までは、十分な食糧があるそうです。食糧生産が増える一方で、消費は懸念されているほど伸びないと考えています。食糧生産量は、1970年から2010年の40年間で2倍以上に増えました。一方で、耕作面積は1970年から2010年にかけて、15パーセントしか増加していません。劇的な食糧生産量の増加は、資本や技術が投入された結果です。品種改良、肥料・農薬の活用、養殖技術の向上、灌漑が進んだ結果、生産量は大きく増加しました。これらの「緑の革命」によって、マルサスの〝予言〟は今のところ当たってはいません。

21世紀の中頃までは、作物が極端な不作等にならない限り、食糧生産量は大きな問題には

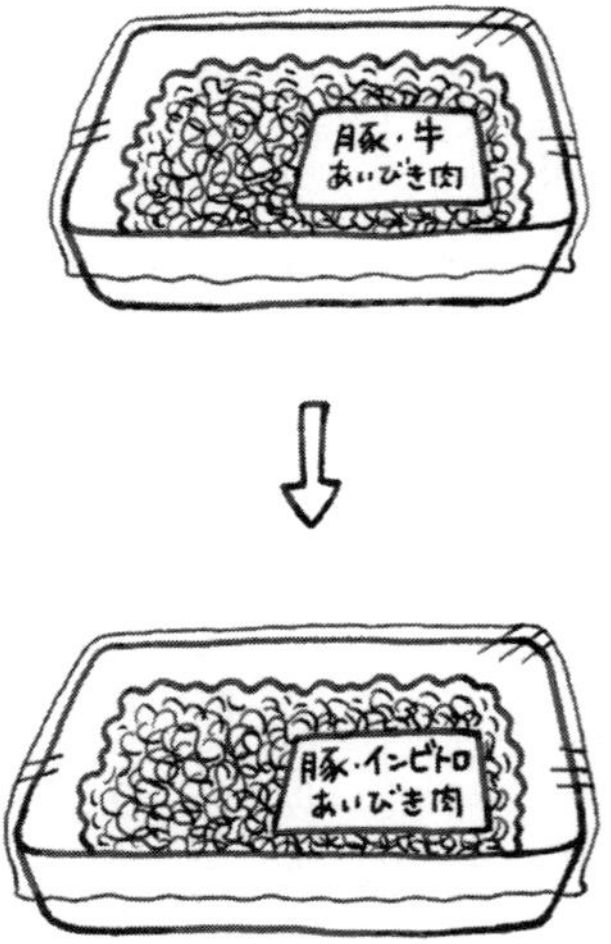

ならないという予測です。しかし、「食べたいものが食べられるか」は、経済状況や、環境変動によって大きく変わっていく可能性があります。たとえば、１キロの牛肉を生産するには７キロの穀物が必要ですが、同じ１キロの鶏肉の生産に必要な穀物は、わずか２キロです。牛肉の方が鶏肉よりも、環境負荷やコストの面で〝割高〟です。世界的に裕福になると肉を食べる傾向が強まりますが、理論上、牛肉よりも鶏肉を食べれば、同じ農業の生産基盤でより多くの人々を養えるようになります。

将来、食べものの〝量〟に関しては、確保できる可能性はおそらく高いですが、何を食べられるかという〝質〟に関しては、何らかの影響を受けることも考えられます。

（２）キッチンテクノロジーの歴史

キッチンにおける偉大なる試行錯誤

次は、食べものを作る環境、「キッチン」のことを考えてみましょう。

これまでのテクノロジー全体の歴史を振り返ると、食べものに関するテクノロジーは、あまり表舞台には登場しませんでした。自動車、船舶、飛行機、通信といった重厚長大な工業・軍事産業の発達に関するテクノロジーの話題がどちらかといえば主流でした。食べもののテクノロジーが話題になるのは、たいてい品種改良、耕作技術、灌漑技術、バイオテクノロジーのような分野であり、生活に身近なキッチンの道具と絡めて語られることはほとんどありませんでした。しかし、泡立て器、レモン絞り器、スプーンにさえ、さまざまな発明によるテクノロジーが詰まっています。

また、もともと軍事目的で開発に取り組んできた成果が、キッチンで花開いた事例もたくさんあります。たとえば、１９１３年、イギリスのハリー・ブレアリーが、銃身を進化させるためにステンレス鋼を開発しましたが、これはのちに、世界のカトラリーを進化させる結果となりました。また、1945年頃、アメリカのパーシー・スペンサーは、海軍のレーダーシステムの開発に取り組んでいたところ、偶然新しい調理法を発見しました。これが、現在の電子レンジです。

料理をおいしくする、また、新しい料理を生み出す原動力として、サイエンスとテクノロジーを比べた場合、テクノロジーの方が歴史的にみれば先に登場しています。観察、仮説、検証といった一連の科学的手法が実験に組み込まれたかたちの近代科学が誕生したのは、17世紀のことです。それに対して、テクノロジーの起源は、数万年前にさかのぼります。すでに石器時代には、黒曜石の先端を尖らせた精巧な〝ナイフ〟を使って食材を切っており、もっといい作り方はないかという工夫が何万年も重ねられてきました。膨大な数の人間が、膨大な数の試行錯誤を重ねてきたテクノロジーの集積が、キッチンにはぎっしりと詰まっています。

その「キッチンテクノロジー」の過去、現在、未来もこの章で見ていきましょう。

キッチンテクノロジーの拡張

調理器具や調理機器は、テクノロジー全体だけでなく、食の歴史の中でもあまり日の目をみない存在でした。食の歴史では、食べる料理そのものや料理人などにはよくスポットが当たりますが、調理道具は、そうとはいえません。冷蔵庫、電子レンジといった数少ない例外はあるものの、これまで世間の注目を浴びてきたのは、調理道具ではなく、圧倒的に完成した料理の方です。つまりこれは、人が「どのように調理したか」ではなく、「何を調理したか」に関心が高いことを示しています。現在でも、食材、料理、レストラン、料理人に関する書籍などはあふれていますが、それらと比べて、キッチンで使う道具に関する本は、ほとんど見当たらないのが現状です。

新しい道具やテクノロジーを使うことで、食べたときの感覚、栄養の消化吸収、料理のイメージなどは、その都度大きく変わってきました。さらに、テクノロジーの発展は、人々のキッチンでの過酷な労働を軽減してきました。人を台所に張りつく生活から解放した大きな要因のひとつに、炊飯器や電子レンジなどといった便利な調理機器の存在があります。人は、キッチンテクノロジーによって、食だけでなく、生活そのものを変化させてきたといえます。

前にお話ししたように、電子レンジは、もともと軍事技術を転用して生まれたものです。

また、包丁は、食材を切るための道具ですが、人の命を奪うこともできます。テクノロジーの善し悪しはその使い方次第であり、また中立的な立場にも立っていません。序章でお話しした、テクノロジーの本質に迫る「クランツバーグの法則」の第1法則「テクノロジーは、善でも悪でもない。中立でもない」の通りです。この法則は、キッチンテクノロジーにもよく当てはまり、「テクノロジーの発展は、技術的な創意工夫が、直接の目標をはるかに超えるような結末をよく招く」ということを示唆しています。

未来のキッチンテクノロジーを考える上で大事なことは、新たなテクノロジーをキッチンの中だけで考えるのではなく、食以外のさまざまな分野のテクノロジーを食の世界にうまく落とし込むことではないかと思います。

調理道具の進化論

すり鉢やすりこぎのように、ほとんど原理が変わらず、物理的な力で食材を潰すという目的で何千年も使い続けられる調理道具がある一方で、加熱調理機器のように、対流、伝導、放射伝熱といったさまざまな原理による、目的別の専門性の高い道具が数多く生み出されているジャンルもあります。

新しい調理道具自体は、次々と生まれていますが、それらが、従来のものよりも便利であるとは必ずしも限りません。電気で動く自動みじん切り器などは、食材をあっという間に細かくしてくれる道具ですが、少量であれば包丁の方が簡単に済ませることができたり、洗う手間がかからない場合もあります。キッチンが最新の自動調理家電だけで占められることなく、包丁やおたまといった手動の道具と共存しているのは、それらの古典的テクノロジーの方が役に立つ場合が多いか、不都合な場合が少ないことを意味しています。

キッチンテクノロジーの長い歴史からみれば、現在私たちが使っている調理道具よりも、消えてしまったものの方が圧倒的に多くあります。キッチンだけに限りませんが、テクノロジーの歴史は、失敗の歴史であるともいえます。どのような調理道具が栄え、どのような調理道具が消えていくのでしょうか。それは、これまでがそうだったように、生物の進化と同じく、周りの社会や環境の変化などの影響を受けて、

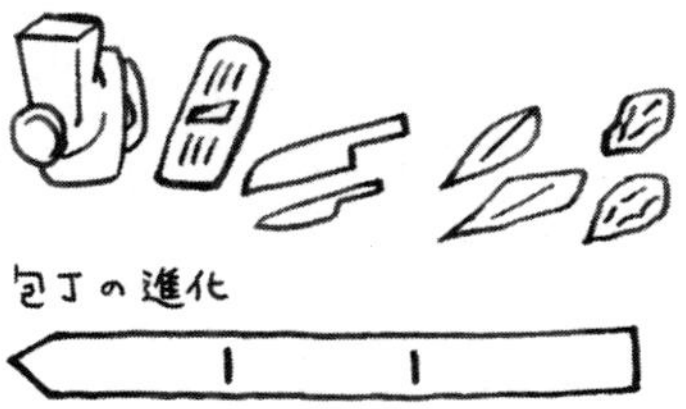

刻々と変化していくでしょう。

たくさん作られてきたジャンルの調理道具、たとえば包丁やおたまなどは、たくさんの〝自然選択〟を経て今のほぼ完成されたかたちになっており、進化の速度は止まったか、もしくはゆっくりに見えます。それに対して、これまでになかった新しいジャンルの調理道具、たとえば3Dフードプリンタなどは、進化でたとえれば自然選択よりも〝遺伝子浮動〟という偶然の効果が強く、最初に登場した機種がその後に大きな影響を及ぼし、見た目や機能などの進化はより速くなることでしょう。

テクノロジーは、可能性を検索するもの、すなわち好奇心の道具ともいえますが、おいしい料理を作りたい、簡単に作りたいという気持ちが人間の願望にあり、この願望が、テクノロジーの方向性を決めているともいえます。

（３）共食の歴史、意義

食事コミュニケーションとしての共食

「食事をする環境」からはいろいろなテーマが思い浮かびますが、ここでは特に、誰かと食事をともにすること、すなわち「共食」にスポットを当てて、その過去、現在、未来について考えていきましょう。

一緒に何かをすることで、相手と親しくなったり、互いのコミュニケーションが円滑になったりすることがあります。特に、一緒に食事をしながら話をすることが、コミュニケーションにおいて大切だと感じたことのある人は多いのではないかと思います。

共食は、もちろん個人で完結するものではなく、一緒に食事をする「他者」を意識して行われる行為です。共食の歴史の中で、食卓を囲む人同士が心地よく過ごせたり、連帯感をもったりできるように、食事を円滑に営むためのルールやマナーが、社会や文化ごとに定められてきました。さらに、共食には、社会組織や人間関係、歴史や宗教、思想や価値観など複雑な要素が反映されています。

共食は、人間が社会生活を営む際のコミュニケーションにおいて、大事な役割を果たしてきたといえるでしょう。コミュニケーションにおいて、「一緒に食べる」という行為が重要なのでしょうか。それとも、食べなくても「一緒にいる」ことが重要なのでしょうか。共食の過去、現在を知り、その先を考えることで、共食の機能である「コミュニケーションの未来」が見えてくるのではないかと思います。

人間とは「料理」し、「共食」する動物？

人間と人間以外の動物の行動の違いは、何でしょうか。

「言語」や「道具」を使用することともいわれますが、イルカのように〝言葉〟を使う動物もいれば、道具を使いこなす動物や鳥類も多数知られています。「人と人以外の動物を分かつもの」を動物の基本行動である「食行動」で考えると、より違いが鮮明になります。

文化人類学者の石毛直道氏は、「すべての人類に共通し、人類史の初期にまでさかのぼれる事項は何であるか考えたとき、『人間は料理をする動物である』、『人間は共食をする動物である』という二つのテーゼにたどりつく」と言っています。日本の霊長類学者によって、石を使って木の実を上手に割る野生のチンパンジーの例も報告されていますが、料理の中核的な技術である「火」を使用する動物は、ヒトに限られています。

また、「共食」も人間以外の動物にはあまりみられない行動です。草原で草食動物が同時に食べているのは、共食ではありません。集団で敵を警戒しながら、同じ時間に食べているだけで、同じ食事をシェアしているわけではないからです。また、親鳥が雛《ひな》鳥に餌を与えたり、野生のチンパンジーやボノボの群れでは、食べものを他の個体にねだられたら、分けてやることがあります。しかし、動物においては、成長したら自分で餌を探し、自分だけで食べるのが原則です。動物の食事行動は単体で完結し、基本、共食は行われません。

それに対して、第2章でもお話ししたように、ヒトの食事は狩猟採集民になったときから、家族での食料分配が、生存戦略として重要となりました。現在ほぼすべての民族で、共食の基本的な集団は、家族が単位とされています。家族は、生まれた子どもの養育、さらにその集団内での食べものの獲得と分配という二大原則に基づいて形成されてきたといえます。

食事は「神との交流の場」であった

人間の共食の歴史は、家族単位から始まり、より大きな共同体へと広がっていきました。

そして、共食は、人と超自然的な存在である霊や神と食べるという神聖な意味をもつようになりました。

民俗学者の柳田國男によると、「食べる」という言葉は、タバル、タブの受け身、すなわち「たまわる」「いただく」を示します。タバルという動詞自体が、「神が下さる」という意味のため、「食べる」とは、もともと「神様に食べさせていただく」という意味でした。私たちは1人で食事するときも「いただきます」と言いますが、キリスト教徒の食前の祈りと同様、食べものを下さる神にあいさつしていた名残なのでしょう。

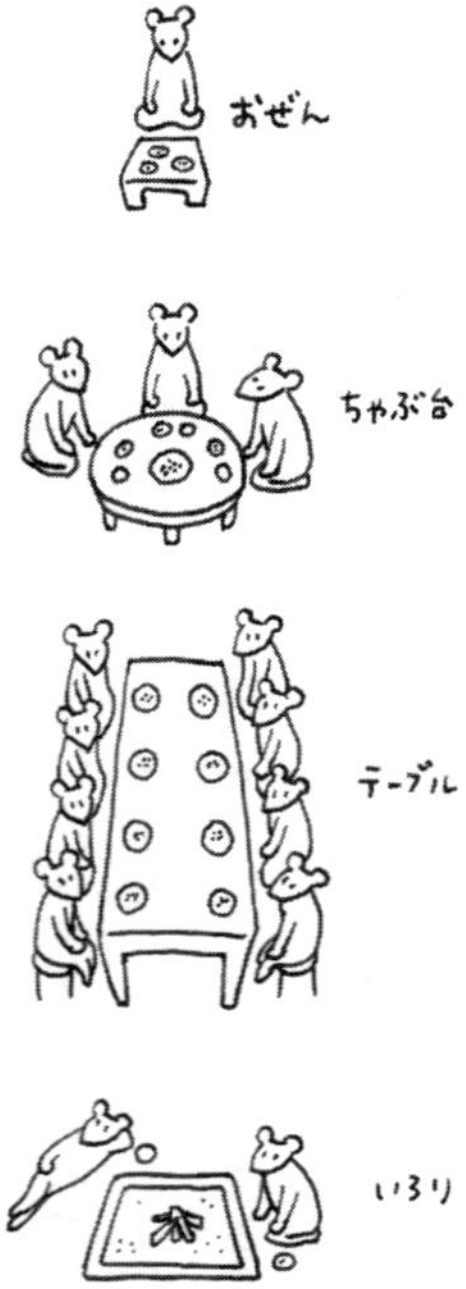

食事が、神との交流の場であり、神からいただく「おくりもの」であったのが、だんだん神の影が薄くなると同時に、食べものをお供えしたり、その一部をいただいて神と食事を共にする「神人共食」の意識も薄れてきました。代わりに、人類の進化の過程で培ってきたともいえる「人間同士の食事」が、共食の意味として主に使われるようになってきました。

歴史を振り返れば、共食のスタイルは、決して生得的なものではなく、社会や環境によって変化し、私たちの考え方次第でその形式はいかようにもなりうるとわかります。たとえば、家族集団の場合でも、インドのナーヤル・カーストの社会では、結婚した男性は自分の生家で食事をし、妻と子どもとは食事をしなかったり、アフリカのビンクドゥ社会では、男性と女性は別居で、父と息子、また母親と娘は別々に食べたりと、その形式はさまざまです。

誰かに食べものを分けてもらう必要がなくなり、神の存在への意識も薄らいでいる現代においては、家族や仲間との共食だけでなく、共食そのものへの意味も改めて問い直される時期に来ているのではないでしょうか。

現在

食の生産、キッチン、食卓の今

(1) 農業のアップデート

農学から〝食学〟へ

私が農学部の大学生だった1990年代は、バイオテクノロジーが大ブームでした。医薬品開発で火がついたバイオテクノロジーブームが、農業分野や食品分野にも応用され、講義で「バイテク」の話を聞くたびにワクワクしたものです。

それから20年以上の月日が経つ中で、農学部ではしだいに、「農」よりも「食」の存在がより大きくなっていき、農学に限らず、食産業、食マネジメント、フードマネジメントといった「食」の看板を付けた大学の学部・学科が増えました。食の生産から、加工、流通、販売などをふくめたフードシステム全体を、社会科学、自然科学などの分野から総合的に研究する必要性が高まったためです。

私も今、食を総合的に教育する学部で教員をしていますが、たとえば商品開発を考えるにしても、マーケティングから食品の衛生的な問題まで、文理融合のマルチな考え方が必要であると感じます。また、生産の「1次産業」、加工の「2次産業」、販売の「3次産業」を合わせた食の「6次産業化」のように、「川上から川下まで」といわれる食の流れの視点が重要な時代となっています。

食の生産に関する農学は、それを包括するより大きな「食学」の一分野となり、生産された食が私たちの食卓に届くまで、いわゆる「From Farm to Fork（農場から食卓へ）」を多角的に考えなければならない学問となっています。

野菜をデザインし、農業を身近に感じさせる「植物工場」

２００９年頃から、温度や湿度を管理した人工的な環境下で野菜を育てる「植物工場」による生産が、天候に左右されず、安定した生産ができる〝未来の農業〟として注目されています。自然環境と切り離された閉鎖的空間において、ＬＥＤなどの人工光源、空調設備、養液培養による生産を行う、完全制御型の植物工場が増えています。

一般的に植物工場で生産するメリットとしては、露地栽培と比較し、安定的に提供できる、水質などをコントロールできるため安全性が高い、栽培スピードを上げることができる、土地を高度利用できる、作業をしやすいなどがあります。一方、現状では、高額の設備投資が必要だったり、栽培できるのが特定の葉物に限られるなどのデメリットもあります。

日光はタダですが、植物工場には電力が必要です。経済的な面で見れば、今は露地ものにかないません。しかし、価格に見合う高機能、高付加価値なものを栽培できるようになれば、植物工場産の野菜の需要はより高まるかもしれません。完全閉鎖系という〝箱庭〟の光、水、空調などの環境を変化させることで、品種改良することなく、野菜特有の成分をある程度コントロールし、青臭さや苦味を抑え、甘みを増した〝野菜をデザイン〟することも可能です。たとえば、LEDの光を制御することで、野菜中のビタミン類の栄養素が変化するため、露地ものと比べてビタミンを多く含んだレタスを作ったり、カリウムを含まない養液を使うことで、腎臓病の方の病院食向けとした「低カリウムのレタス」を作ることもできます。

また、植物工場の大切な機能として、農場と食卓の物理的な距離を縮めてくれる点があります。ビルの一室で育てた野菜を同じビルのレストランで出す〝ビル産ビル消〟を行うところも出てきました。消費者が、作物の育つ〝畑〟を直に目にすることは、農場での生産と食卓での消費との間にあったブラックボックス的な過程を取り除き、生産をより身近なものに感じさせるのにも役立つでしょう。つまり、植物工場には、農場と食卓の〝精神的な距離〟

を縮めてくれる役割も期待されます。

食をマクロに見ることが試される時代

生産された食べものが、私たちのところに届くまでの環境負荷をわかりやすくあらわしたものに「フード・マイレージ」があります。その定義は、「食材が産地から食される地に運ばれるまでの、輸送に要する燃料・二酸化炭素の排出量をその距離と重量で数値化した指標」です。生産地と消費地に距離があると、輸送に関わるエネルギーがより多く必要になり、環境負荷は大きくなるため、距離が近い地産地消ほど望ましいとされます。農林水産省の２００１年の試算によると、日本のフード・マイレージは、総量では世界中で群を抜いて大きく、国民１人あたりでも世界１位となっています。他国からたくさんの食料を輸入し、輸送距離も他国より著しく長いことが、その原因に挙げられています。

地産地消の観点からは良い評価軸となるフード・マイレージですが、落とし穴もあります。たとえば、生産と消費が同じビル内のような〝超地産地消〟できる植物工場で、電気のエネルギーをたくさん使って野菜を作るのと、少し遠くても露地で栽培した野菜を輸送するのとでは、輸送エネルギーを使ったとしても総合的に後者の方が、エネルギー消費が少なくてすむむ場合もあります。また、少量の国内ワインをトラックで運ぶよりも、大量の海外ワインを船で運ぶ方が、トータルのエネルギー消費が少ないこともありますし、国内で機械生産するより、海外で人の手で生産する方が、エネルギー消費が少ない場合もあります。

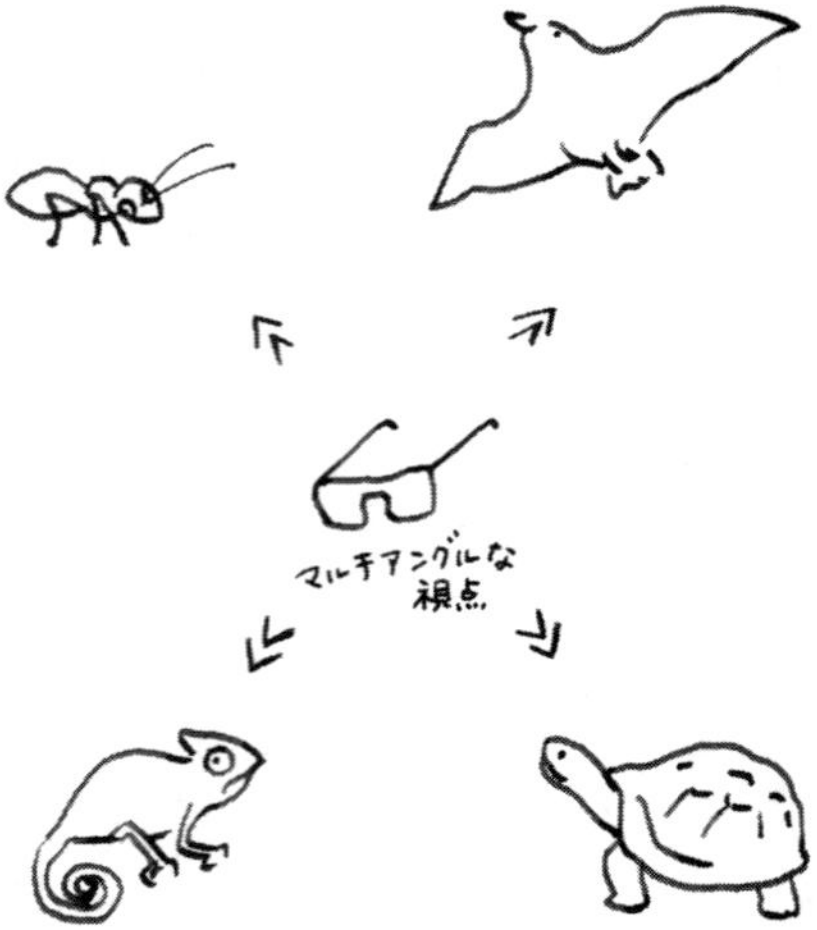

夜食日記ブログより
虫の眼、鳥の眼、亀の眼、カメレオンの眼

　そのためフード・マイレージという考え方に代わる評価として、食品の生産から消費・廃棄物処理に至る過程で必要となる燃料エネルギーの総量を「ライフサイクルアセスメント」として分析する方法があります。その手法で分析すると、たとえば、お米は６３３０キロカロリー／キログラム、パン類は９５１０キロカロリー／キログラム、麺類は１万５０４０キロカロリー／キログラムとなり、麺類はお米の２倍以上、パン類の１・５倍以上のエネルギーが、生産・加工・流通・消費・廃棄のプロセスにおいて必要になるという結果になります。

２０１５年、国連持続可能な開発サミットにおいて「持続可能な開発のための２０３０アジェンダ（Sustainable Development Goals：ＳＤＧｓ）」が制定されました。そこには、国際社会全体の開発目標として、２０３０年を期限とする包括的な17の目標が設定されています。その中には飢餓、エネルギー、資源など食に関わる項目がたくさん含まれています。「誰一人取り残さない」社会の実現を目指して、経済・社会・環境といった広範な課題に、統合的に取り組むことを意識する必要があります。

現代は、「いかに周りのことに思いを巡らしながら食べていくか」ということが、強く求められる時代になっています。つまり、食べることが個人の営みではなく、生産、消費も含めてきわめて多面的、グローバルになっていることを意味しています。

（2）キッチンからみえる現在の風景

「早く簡単に作りたい」

以前、料理レシピ検索サイトの検索データを使って、食の研究をしていたことがあります。利用者がレシピを検索する際のキーワードを集めたビッグデータから、「人の食への関心」を解析するのが目的でした。その研究の中で興味深かったことのひとつは、検索窓に最も多く打ち込まれるのは、食材名でも調理法でもなく、「簡単」という言葉であったことです。「簡単×料理名」もしくは「簡単×食材」といった言葉を組み合わせてレシピを探し、短時間で手早く料理を作りたい人が多いと推察されました。

これまで、調理に時間をかけられない人のために、簡便化、時短化に役立つ調理機器がどんどん登場してきました。家庭での調理時間は、世代を経るごとに半分になっていくともいわれています。

日本で今、時短化の波を最も受けているもののひとつが、主食の「米」かもしれません。1962年度に年間1人あたりの米の消費量が最大を記録して以降、その消費量は年々減り続けています。米離れは特に若い世代に顕著で、農林水産省が2015年に行った国民食生活調査では、20代男性の約2割が1カ月間、米を食べなかったことが判明しています。全国の20～69歳の男女のうち、1カ月の調査期間に最も米をよく食べていたのは60代で、男性が96・3パーセント、女性が97・1パーセントと、ほぼ全員ですが、20代男性は81・6パーセントで女性は91・5パーセントであり、男性では2割が、女性は1割が米を食べていないのが現状です。

その原因としては、「食生活の多様化によって主食の選択肢が増え、相対的に米の割合が減った」などの見解が代表的です。糖尿病など、炭水化物摂取過多による疾病問題もあり、全体的に少しずつ主食を摂る人が減っていますが、その中で最も減少幅が大きいのが米です。

今、1人暮らしや2人暮らしが、世帯の多数派となっています。少人数世帯の人にとって、米を炊くのには時間がかかることも米消費の衰退の原因でしょう。通常の米は、洗って吸水させるまでに30分～1時間、炊いて蒸らすのに40分～1時間程度と、食べられるようになるまで最大で2時間はかかります。無洗米を吸水させないで使う、圧力鍋などを使うなど工夫すれば時短が可能ですが、それでも30分～1時間はかかります。調理時間の長さが、米消費の大きなネックになっていると推察されます。

日本は今、昔と比べて外食や中食の選択肢も増え、おいしい料理にあふれています。また、インターネットやその他の宅配サービスで、すぐに食べられるレディミールを買うこともできます。忙しい現代人の「早く簡単に食べたい」という願望を支えてくれるありがたい食事がたくさんあります。こうして調理する時間やキッチンでの滞在時間が短くなることは、私たちの食べる料理の中身や質、食べ方などにもちろん影響を及ぼしています。

キッチン・リテラシー

今はどの家庭にもある電子レンジですが、初めて世の中に登場したときは、決して全面的に受け入れられたわけではありませんでした。興味深いことに、『暮しの手帖』は1974年から1975年にかけて特集を組み、「電子レンジ　この奇妙にして愚劣なる商品」「やっぱり奇妙で愚劣な商品でした　電子レンジ」と題した記事を掲載し、「メーカーはなにを売ってもよいのか」と酷評しました。当時の製品の使いやすさや性能の問題もあったでしょうが、このようなキャンペーンの影響で、電子レンジに対するネガティブなイメージは、後々まで残ることになりました。

新商品が出るとすぐに手に取って試そうとするハイテク好きな人であっても、キッチンに足を踏み入れると、保守的になる場合が少なからずあります。その理由のひとつは、新しい食べものを試すのに、リスクが伴うからでしょう。第3章でお話しした食物新奇性恐怖という心理です。食べ慣れていないものを食べて、体調が悪くなるかもしれませんし、最悪の場合、死んでしまうかもしれません。また、キッチンでの調理の基本操作、切ることや加熱することは、忘れがちですがとても危険な行為です。そうしたことが、キッチンで私たちを〝新しもの嫌い〟にさせている側面があります。

しかし、そのような自己防衛本能よりももっと強い心理が、新しい料理や、調理道具、調理機器への「慣れ」です。使い続けるうちにだんだんと馴染み、お気に入りとなるものがあります。廃《すた》れずに使い続けられる道具や機器の多くは、なにかしら使い勝手が良いものでしょう。包丁には包丁の良さがあり、電子レンジには電子レンジの良さがあります。

キッチンに新しいテクノロジーが導入されるとき、それが斬新であればあるほど、いつもどこからか敵意や抗議のようなものが沸き起こり、従来の方法が安全で優れているとの声が少なからず上がります。電子レンジでも、ＩＨでも、陶器のようなものに対してもそうでした。しかし、それは、食の安全面の特性から見れば、当然の反応でもあります。

新しいテクノロジーの安全性等を用心深く確認することはとても大切ですが、それと同時にそのメリットなども客観的に評価・活用するリテラシーの能力が、食の分野に限らず、これからますます重要になっていくのではないかと思います。

どういうキッチンテクノロジーが生き残るのか

ここ数十年の料理界では、新しいキッチンテクノロジーが盛んに導入され、分子ガストロノミー、モダニスト料理、ハイパー・キュイジーヌといった前衛料理に取り入れられ大きなうねりとなっています。そのひとつであった真空調理法は、道具が安価となり、レストランだけでなく、一般の家庭でも使われるようになりました。

真空調理法には2つの調理設備が必要で、ひとつはポリ袋に入れた食材を真空パックする器具、もうひとつは水を一定の温度に保つ加熱器具です。この調理方法は、食材へ一定温度の熱を均等に伝えることができるため、直接ゆでたり煮たりするよりも、狙い通りのやわらかさにすることができます。

この真空調理も1960〜70年代には、あまり快《こころよ》く迎え入れられませんでした。ケータリング業者が大人数分の煮込み料理を作るのに、真空調理で個別にパックされたものを再加熱すれば、手早く用意できるという点では重宝されていました。しかし、シェフたちは総じてこの〝機械的な〟調理法を誇らしく思わない傾向がありました。

時を経て、真空調理法は、モダニスト料理を盛り上げる一員として、キッチンの表舞台に出るようになりました。レストランでは、真空調理法を使って、あらゆる食材を一瞬でピクルスにしたり、ソースを新たに再構築したりと試みられました。

さらに、好奇心ある多くのシェフたちが、瞬間凍結と瞬間脱水ができる液体窒素の使用や、ナノエマルジョン（マヨネーズのような乳化された物質）を作るための強力なホモジナイザー、成分を分離する遠心分離機、成分を濃縮するロータリーエバポレーター、水分を飛ばす凍結乾燥機など、難しそうな名前の機器を巧みに使いこなしています。

前衛的なレストランで使われている新しいキッチンテクノロジーが、どの程度一般の家庭に普及するかはわかりません。普及するかしないかの判断のひとつの鍵は、新しいテクノロジーが単に目新しくて変わっていることが重要なのではなく、利用者にとって調理の簡便化であったり、素材をより生かすことであったりというように、その時代のキッチンを取り囲む状況にどう適応できるかです。生き延びたものが環境に適していたものである、という進化の原理が、キッチンの世界にも働くということでしょう。

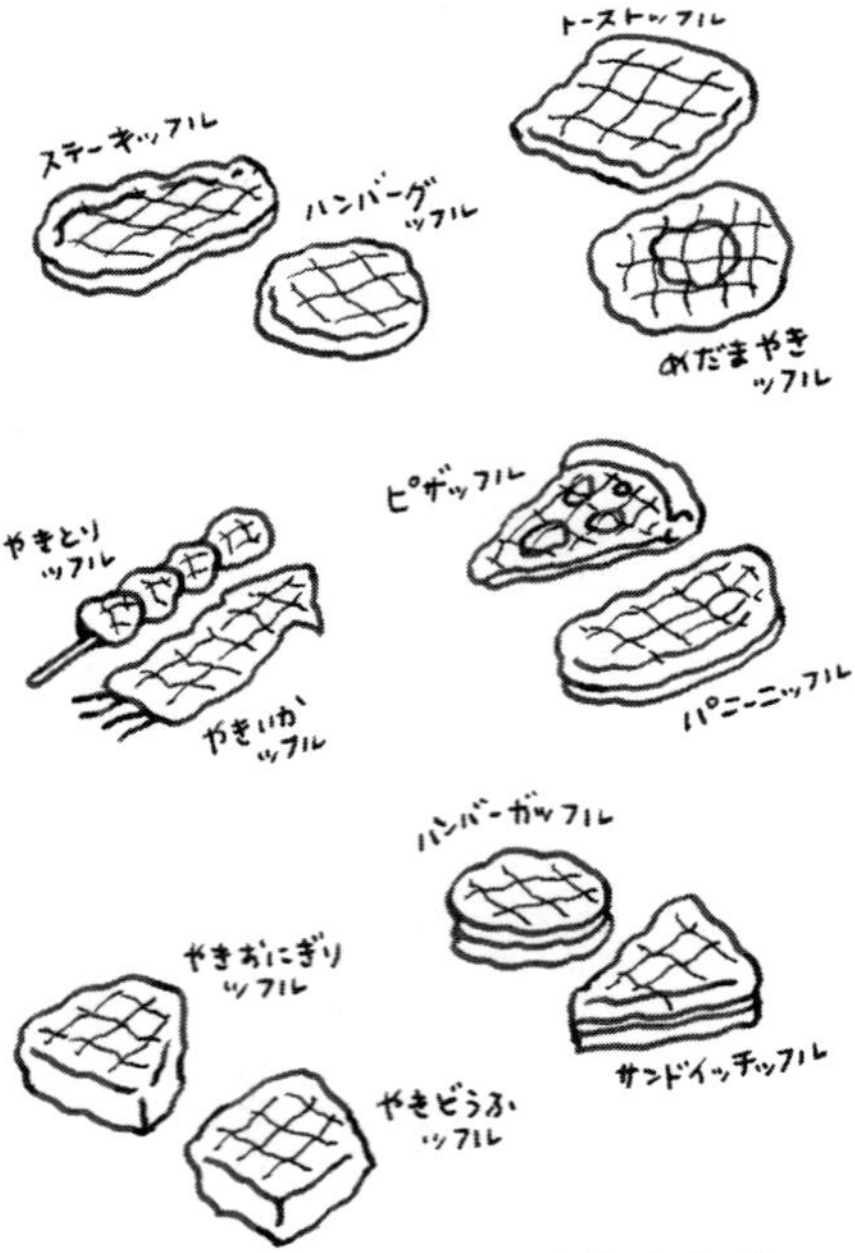

夜食日記ブログより
料理を"ワッフル化"する

（3）食卓は、食事を共にする場なのか

家族団らんは高度経済成長期のみの出来事だった

昔からある共同体の最小単位のひとつは「家族」ですが、その単語を聞くと、仲良く食事をする食卓の風景を連想する人も多いのではないでしょうか。家族そろって食卓を囲む姿は、テレビなどのメディアでもたびたび描かれてきたように、家族の一体感をあらわす縮図として扱われてきました。しかし、日本の歴史上で「食卓での家族団らん」の概念が生まれたのは、思いのほか最近のことです。

家族関係学が専門の表《おもて》真美氏は、日本の家族団らんの歴史的な変遷を調べています。その調査によれば、近代までの一般的な家庭の食事は、個人の膳を用いて家族全員がそろわずに行われ、家族がそろっても食事中の会話は禁止されていました。では、食卓での家族団らんは、どのように始まり、どのように普及していったのでしょうか。

かつて、団らんの移り変わりには、「欧米からの借りものとしての団らん」「啓蒙としての団らん」「国家の押しつけとしての団らん」があったことが知られています。

食卓での家族団らんの原型が誕生したのは、明治20年代でした。教育家・評論家の巌本善治《いわもとよしはる》が、食卓での家族団らんを勧める記事を書き、キリスト教主義の雑誌にも同様の記述が複数登場しました。その後、国家主義的な儒教教育と結びついた記事により、家族そろって食事をするべきだという意見が広がっていきました。

その後、家族団らんが、一般的な家庭の食事風景になったのは1970年代頃でした。NHKの国民生活時間調査によると、この頃、家族で食事している家庭は約9割に達しています。共食が常識だったこの時代の家庭科の教科書には、家族一緒の食事を促す記述はほとんどみられません。

その時期が過ぎ、1983年に出版された足立己幸《みゆき》氏の『なぜひとりで食べるの』という本の中で「孤食」という言葉が使われました。1980年代前半には、孤食が社会問題となり、1980年代後半には家庭科教科書に孤食へ対する注意喚起が記されました。2000年前後は、家族で一緒に食事すべきという考えが、強迫観念的なものとして捉えられる時期でした。

食卓での家族団らんが、家庭の常識として成立していたのは、高度経済成長期にあたる1955～1975年の20年間ほどでした。家族団らんは、それ以降の日本社会の〝進化〟の過程で、変わらずに生き残ってきたとはいえません。しかし今もなお、多くの人の心の中に、ロールモデルのような家族団らんのイメージが生き続けているのはなぜなのでしょうか。

家族団らんという記憶

家庭での食事は、基本的には家庭ごとに非公開で行われるものです。他の家庭の食事の全貌は、当事者たちが自ら公表しない限り、通常は明らかになる機会はありません。その〝密室の行為〟であった家庭の食が、ある本によって明るみに出て、世間に大きな衝撃が走ったことがありました。

２００３年に出版された、岩村暢子《のぶこ》氏の『変わる家族　変わる食卓』は、食マーケティングの目的で各家庭の１週間の食事、計２０００以上の食卓の写真を収集、分析しました。その結果、親も子もそれぞれの食べたい時間に食べたいものを別々に食べることが増えたこと、また、子どもに嫌いな野菜を「食べてもらう」ために、擦り込んだり混ぜ込んだりする親が減り、栄養バランスに関係なく子どもの好きなものだけを食べさせたり、欠食に気づかない親が増えたことがわかりました。また、過去と比べて、外食へ連れて行く父母世代も減り、話題の店や新商品をチェックする熱意も低下しています。その背景として、家族や社会の変容があるのではという指摘がなされています。

社会や環境の変化によって、日本の家族が、団らんを必要としない、あるいはできない生活形態になったのでしょう。それにもかかわらず、家族団らんが理想の姿のように扱われるのは、高度経済成長期の〝古き良き日本の思い出〟が作り出したイメージにも感じられます。

共食はコミュニケーションの特効薬か

現代の一般家庭で、神棚や仏壇に食べものを供えるのは、ご年配の方のいる家庭が主となり、家庭の食卓で、神や祖先との聖なる行事としての共食は消失しました。私たちは、かつて祭りのときにしか食べられなかったごちそうやお酒を日常的に食しています。

家族といつも一緒に同じものを食べるという家庭も一般的ではなくなり、各個人がそれぞれの都合に従って食べる「ひとり食卓」が、現代の日常の「ケの日の食事」の傾向としてあります。家族がそろって食べるようなお正月などの「ハレの日の食事」が、昔でいう神と食べた祭りの食となっています。

そもそも、家族と一緒にものを食べる共食は、家族内のコミュニケーション上、重要な行為なのでしょうか。

前述した表氏の調査によると、乳児を持つ家庭には、家族との食事の共有と家族関係との間に関連は認められませんが、大学生の子どもと同居する家庭では、家族そろった夕食の頻度が高い方が、家族のまとまりに好影響がみられることが明らかにされています。また、小学生を対象とした調査によると、食事中の家族との会話は、子どもの健康に良い影響を及ぼ

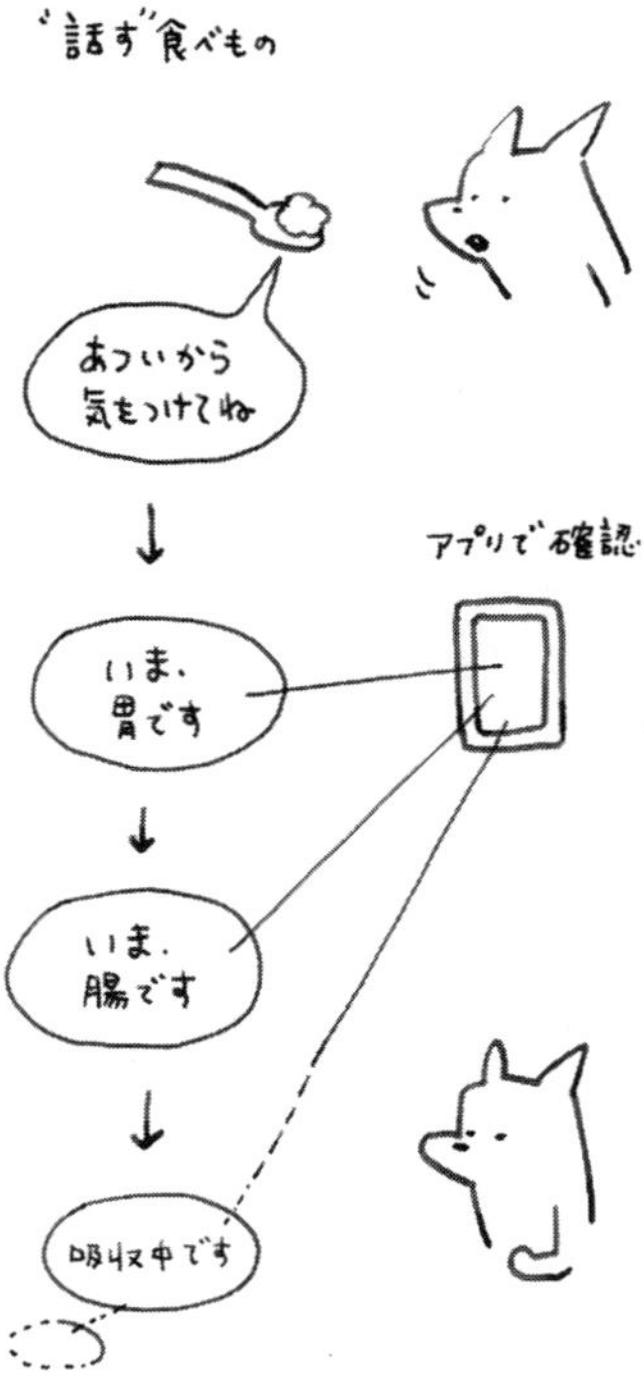

すことも報告されています。中学生に関しては、食卓が「安らぎの場」と思える場合に限り、家族との食事は登校忌避感などを低下させる要因になっています。条件つきなのは、中学生は親子間の葛藤が起こりやすい思春期の時期にあること、親子の会話に学校の成績や進路に関する話題が増えることなどから、家族そろって会話をしても中学生にとっては「心安らげない」食卓が存在する場合もあるためです。

当然ながら、人はただ共食をすればお互いの関係が深まるものではなく、一緒に何をするにせよ、意見を伝え合い、理解する気持ちがあるかが重要なのでしょう。

近年の子どもたちをめぐる問題は、家族内コミュニケーションと結びつけて論じられることが数多くあります。個人個人の時間が増えている現代の家族にとって、食卓での共食は親子のコミュニケーションを深める場として期待されています。しかし、共食という行為だけをとらえて過剰に期待するのには用心しなければならないでしょう。

未来　食の生産、キッチン、食卓のこれから

（1）農業と農業への意識の未来

何を生産するか

将来、どの食べものがどのくらい作られるかは、それを買いたい人、食べたい人がどの程度いるかという「供給⇔需要」のシンプルな関係で説明できます。食べたくない食べものは誰も買いませんし、当然広まりません。人類が何千年も食べてきた、小麦、米、トウモロコシ、大豆、芋、肉、魚、乳製品といった〝超ロングセラー食材〟は、規模などは別として、今後も作り続けられるでしょう。

植物工場で育てた米や小麦、人工的に培養した肉や魚などが、消費者に違和感を抱かせることなく、従来の食材と同じレベルの値段や品質でスーパーマーケットの棚に並ぶことがあれば、これまでの食材の延長として、未来の私たちはあっさりと受け入れるのではないでしょうか。今まで天然のマグロしか食べていなかったのが、養殖したマグロも食べるようになったのと同じ話かもしれません。

それに対して、昆虫やプランクトンなど、日本ではこれまで食料資源としてはあまり見なされていなかったもの、もしくは利用が限定されていたものが、未来の食材としてある程度生産・消費されるには、何らかの仕掛けなり工夫が必要です。

「昆虫食バーガーはおいしいし、身体にも良い」と思う人が増えれば、昆虫の養殖やメニュー開発などが活発化するでしょう。また、プランクトンなどから、カツ丼、パンケーキ、どら焼きなど、どんな料理でも作ることができれば、プランクトン生産工場が食料生産の中心になるかもしれません。人が食べたいもの、もしくは食べられるものが何になるのか。環境、社会、文化などに対応して、変わらないものはそのまま残り、変わっていくものはゆるやかに変わっていくでしょう。

どこで生産するか

自分で食べるものを自分が住む近くで生産することは、輸送エネルギーを減らし、環境負荷を低減するという点では理想的です。さらに、地産地消なら、文字通りとれたての食材を食べられます。しかし、都市化が進む世界での地産地消には、多くの課題もあります。

未来の食料生産は、「土地」に根付いてきたこれまでの農業から、「空間的な制限」をいかに捨て去れるかが、ひとつの突破口になるのではないでしょうか。植物工場での野菜の生産などを〝縦〟にして、高層ビルなどの限られた敷地や室内で農業を行う「ヴァーティカル・ファーミング（垂直農法）」が、都市における未来型農業として提唱されています。

さらに、高層建築ビルの各階で農業、畜産業、水産業をそれぞれ行い、消費者も同じ建物に暮らすという垂直式の「地産地消マンション」が、ひとつの案として考えられます。現在でも、屋上緑化や屋上農法のビルはありますが、人が食べる農産物、畜産物、水産物といったものをすべて、住んでいるビルの中で生産し、資源が建物内で循環する「ヴァーティカル・ファーミング・マンション」が建つことも考えられます。

効率的な農業を行う上で必要な設備や、食の生産にかかるエネルギー調達など、解決すべき課題はたくさんあります。トータルのコストやエネルギー効率を考えれば、従来のように土地を耕した方が、この先の未来もメリットが大きい場合も多いでしょう。しかし、人工的な環境にしかない状況、たとえば宇宙空間で農業をする場合は、厳しい条件が求められます。将来、宇宙で人々が生活するようになれば、地球での極度に効率化された農業が、おそらく宇宙での農業の基盤となるでしょう。さらに、宇宙食の開発と同じように、宇宙の農業を考えることは、地球の農業にフィードバックされて効率化にもつながります。

日本では代々、土地を開墾して、それを子孫が引き継ぎ、多くの人が協力し合いながら農地が維持されてきました。すなわち、「土」は財産であり、多くの恵みをもたらしてくれるものでした。未来の農業が、その「地」から脱却し、その上の「空」、さらにその先の「宇宙」へと広がっていくかは、土地や重力といった私たちの〝固定観念〟から、いかに精神的な脱却ができるかどうかにかかっているように思えます。

どのように生産するか

未来の食の生産には、ＩＣＴ、ロボティクス、ＡＩなどを活用し生産効率を上げる、いわゆる「スマート農業」が威力を発揮すると予想されています。近年、「スマートファーム」に注目が集まっていますが、これは、農産物の生育状態や環境などの情報をセンサーにより自動で収集・分析し、それをもとに水や温度管理などの調節までを遠隔制御できる農場のことです。スマート機器や農業用ドローン、ロボットなどの無人農機の活用により、人の作業労働を必要としない農業の開発は、着々と進んでいます。ＡＩがロボットを動かし、農産物を生育・収穫する完全自動化農場も実用化へと向かっています。

食べものの生産は、「植物の光合成効率の向上」や、人による労力の低減や効率化・高度化を目指した「スマート農業」、さらには植物プランクトンや各種細胞の大量培養の実用化を目指した「細胞農業」などへと進んでいくでしょう。

食べものはこれまで、工業製品と違い、自然の条件に左右されることや、穀物や家畜を育てるのに時間がかかることもあり、市場メカニズムに容易に順応しがたい点がありました。しかし、未来の食の生産が、人工的かつ高度にコントロールされることによって、食べものと工業製品との生産に大きな違いはなくなっていくと予想されます。食は、自然の恵み、天からの贈りもの、という意識も〝過去の感覚〟になっていくのかもし

れません。

(2) キッチンのハイテク化と手で作ることの意味

調理家電のスマートキッチン化

調理の場のスマート化は、生産の場のスマート化よりも早く実感できるかもしれません。たとえば自宅のキッチンは、冷蔵庫、オーブン、電子レンジといった調理家電や、フライパン、鍋といった調理器具がインターネットとつながるＩｏＴ製品になり、「スマートキッチン」化に拍車がかかっています。調理家電のデータをもとに欲しい食材を欲しいタイミングで手に入れたり、よりおいしい料理を作るためにアドバイスをしてもらったりと、〝キッチンとコミュニケーションを取っている〟かのような感覚になるかもしれません。

販売側にとっては、調理家電のＩｏＴ化によって、一般の消費者の購入履歴、調理履歴などから膨大なデータを得られます。これまで、個々の家庭の調理データはアンケートなどによるものが主で、ビッグデータとしての入手は困難でした。それが、スマートキッチン化によって、冷蔵庫の中身や調理操作などが〝可視化〟されることになります。個人のプライバシーの問題など、懸念点もありますが、スマート化の波は止まらないでしょう。

それらのビッグデータを活用することで、キッチンだけでなく、生産や流通の段階にも大きな変化がもたらされると予想されます。個人の生活スタイルや健康のデータに従って、食材購入、調理方法、食べ方などの食生活全体をその人専用の仕様にする「超個別化（ハイパー・パーソナライゼーション）」が、さまざまな食の現場で一段と加速すると思われます。

料理初心者にとって、自分で料理を作ることを躊躇する理由のひとつに、手間や失敗などの予想がつかないことへの恐れがあるように感じます。その気持ちも、スマートキッチン化によるさまざまな「サポートガイド」を使うことによって、取り払われるかもしれません。

調理機器は、切る、焼く、煮るなどの過程に応じて全自動モード、手動モードが選択でき、より複雑な調理過程を引き受けてくれるようになるでしょう。話題の店のメニューやシェフの技もデータ化され、それを家庭でダウンロード購入して、家電が再現できるようになるかもしれません。今日の夕食は、あの時代のあの国のあのシェフのメニューを「選択」して、調理するといったようなことも可能になるのではないでしょうか。

もちろん、スマートキッチン化がどんなに進んでも、サポートガイドをずっと「オフ」にして、自分の手で料理を作ることを楽しむ人もいると思います。

未来のレストランで料理人が作る意義

家のキッチンではなく、レストランのキッチンは、どうなっていくでしょうか。

将来、シェフが手を動かして作業する割合は、徐々に減っていくのは間違いないでしょう。その代わりに、事前に加工処理が施された食材や、調理機器やロボットが果たす役割は、ますます増えていく傾向に変わりはありません。現在、大規模な外食産業などで取り入れられているセントラルキッチン化が進み、人が関わる操作は最後の盛り付けやチェックのみになり、ついには調理だけでなく機器やロボットの設定・メンテナンスまで含めて全自動で行う「無人化」が、レストランの基本形になるかもしれません。

ロボットは、人にとって汚くて危険で退屈な仕事も、難なくやってくれます。しかし、ロボットを導入することで、人間が学習する機会や他の人たちと交わる機会が減り、やりがいが失われてしまうのではないかという指摘がさまざまな分野でなされています。

未来のレストランでは、「食材を集め、人が料理を一から作ること」自体が、現在にも増して価値が出てくるのではないかと思われます。それは洗練されたメニューを要求される高価格帯のレストランでより顕著にあらわれるでしょう。また、客にとっては、何を食べるかという「料理のタイトル」よりも、誰が作るのか、またはどのように作るのかという「料理のストーリー」を〝味わう〟傾向がさらに増していくと考えられます。

これまでの厨房において手作業で行ってきたプロセスが、新しいテクノロジーによってより早く、より精密に、より再現性が高く、さらに安くできるようになれば、料理人は、野菜を切る、魚を焼くといった調理技術よりも、もっと「別なこと」、より「差別化できる何か」を考える必要があります。そしてレストランは、ロボットの導入などによって人間としてのやりがいが失われないように仕事を設計することが、きわめて大切になるでしょう。

人間とAI&ロボットとの「共創」による料理

食の未来予測は、別の業界、たとえば衣食住の「衣」を参考にすると良いのではないかと思います。現在、生活の一部として自分で衣服を作る人は、自分で料理を作る人よりも圧倒的に少ないでしょうけれど、趣味で服を作る人はまだそれなりにいます。料理も徐々に裁縫のように、楽しむための趣味的要素が濃くなっていくと考えられます。

衣服を選ぶ上で、素材や機能といった基本的性能が重要なのはもちろんですが、ファッション性、デザイン性も当然気にするところです。食も、栄養や味の良さなどが満たされれば、価格はもとより、料理のデザイン性、芸術性へ向から関心が大きくなっていきます。未来のプロの料理人たちは、キッチンで技術を習得する時間よりも、外に出て多彩なものに触れる時間が長くなり、より自らの感性や芸術性を磨くことを重視するようになるかもしれません。

一方で、人の芸術性もＡＩに取って代わられる可能性が示されています。たとえば、膨大なデータから、著名な画家の絵画に共通する特徴をＡＩが自ら見つけ出し、模倣できるようになっています。２０１６年、オランダのチームが、レンブラントの油絵を３Ｄスキャンでデータ化し、塗り重ねた絵の具の厚さに至るまで測定しました。注目すべき点は、「ディープラーニング」によってレンブラント作品の特徴を分析し、最も一貫性のある題材を特定して得られたデータのイメージを、実際に油絵を用いて〝３Ｄプリント〟したことです。描かれた「ヒゲを生やし、黒い服を着て、白い襟飾りと帽子を身につけた中年の白人男性」の絵は、素人目には、レンブラント本人が描いたといわれてもわからないレベルの仕上がりとなっています。同様に、ディープラーニングによって音楽や小説も作られています。

人間が新たな料理を創作する場合、これまでのその人の記憶や経験がもとになっています。そのアプローチはＡＩも同じで、ＩＢＭのシェフ「ワトソン」も過去の料理のビッグデータをもとにした組み合わせにより、新しい料理を提案しました。

　人による作品か、ＡＩと機械による作品か、どちらが優れているのかは、勝ち負けがあるスポーツなどの分野と違って、芸術の分野でははっきり判断がつきません。料理を味の面だけでなく芸術性の視点からみても、人間とＡＩとで優劣の評価は意味のないことで、人間の料理が良いという人も、ＡＩ・ロボットの料理が好きという人も当然出てくるでしょう。

　現在、人間とともに作曲するＡＩが研究されているように、未来のレストランでも、人間とＡＩ・ロボットがコラボレーションしながら、料理を開発するようになるかもしれません。ＡＩ・ロボットは、私たちのやりがいや仕事を奪うものではなく、料理を「共創」する〝同僚〟として認識されるようになるのが理想ではないかと思います。

炊飯器クラッカー
ひもを引いたら
ごはんが炊ける
そのまま
お茶わんに
ひっくり
返して
おにぎりに

（3）コミュニケーションの未来における食の役割

ヴァーチャル団らん

未来には、多くの人が思う「願望の未来」が少なからず作用します。序章でお話しした「穴居人の原理」から考えると、未来の私たちが欲するコミュニケーションは、今の私たちと、根本的に大きな違いはないでしょう。

未来の食卓の風景として思い描かれてきた「ヴァーチャル団らん」は、テクノロジーの発展によって、ディスプレイを介したレベルで実現可能になってきています。ウェブサイトなどを介したオンラインでの飲み会は実際に行われています。家族、恋人、友人同士で、ビデオ通話でコミュニケーションを取りながら食事をしている人もいることでしょう。

この本で触れた他のテクノロジーの進化と同じように、未来の食卓も複雑化と多様化の波にのまれていくと思われます。従来通り、親しい人と食卓を囲みたい人もいれば、1人で食事を楽しみたい人もおり、それぞれの、その時々の要望をよりリアルに叶えてくれるテクノロジーが登場することでしょう。

「ひとり共食」

２０１７年度版の『食育白書』によれば、すべての食事を１人で取る日が週の半分を超える人は15・3パーセントを占め、２０１１年の調査から約5ポイント増加したことが報告されています。その理由として考えられるのが、世帯の変容です。世帯あたりの人数は少なくなり、単身世帯、成人のみで構成される世帯は年々増加しています。将来もこの傾向に大きな変化はなく、１人で食事をする「孤食」の割合は増え続けるでしょう。

孤食は自分のペースで楽しめる食事でもありますが、一方ではそのリスクも指摘されています。たとえば、成長期の子どもや、１人暮らしのお年寄りにとって、孤食が習慣化すると、偏食や欠食の原因になることに加えて、精神的に不安定になるなどのさまざまな問題を引き起こすといわれています。特に、１人で食べたくはないのに食べざるを得ない人にとって、テクノロジー等で孤食を解消する手段は、今後より重要になっていくでしょう。

筑波大学の井上智雄氏のグループは、〝時間を同期させずに、一緒に食事をする〟ためのシステムを開発しています。「非同期疑似共食会話」と名づけられたそのシステムは、モニターに映る、過去に撮影された録画映像の人と会話をしながら一緒に食事をするものです。さらに、ビデオモニターに映ったCGキャラクターが、人と同じようなタイミングで食事の仕草をする「食事エージェントシステム」による、食コミュニケーションの可能性も検証されています。「食事エージェント」は、食事をするだけで会話はしませんが、1人で食事をするときに比べ、咀嚼時間や咀嚼回数が増える効果があるとわかっています。

これらの研究は、一緒に食事する相手が必ずしも同じ空間にいなくても、さらに人間ではなくても、テクノロジーによって食事をともにする楽しみを、人は感じ取ることができる可能性を示唆しています。未来の食卓は、すでに亡くなった家族や昔の自分のデータによる仮想の存在と楽しく会話しながら「共食」する風景が広がっているのかもしれません。

「美味しうございました」という言葉

1964年の東京オリンピックの男子マラソンで銅メダルを獲得した円谷《つぶらや》幸吉は、その4年後の1968年に自らの命を絶っています。その遺書には、父母や親族への想いが、食べものを通して綴られています。

父上様母上様　三日とろろ美味しうございました。干し柿　もちも美味しうございました。
敏雄兄姉上様　おすし美味しうございました。
勝美兄姉上様　ブドウ酒　リンゴ美味しうございました。
巌兄姉上様　しそめし　南ばんづけ美味しうございました。
喜久造兄姉上様　ブドウ液　養命酒美味しうございました。又いつも洗濯ありがとうございました。
幸造兄姉上様　往復車に便乗さして戴き有難とうございました。モンゴいか美味しうございました。
（中略）
父上様母上様　幸吉は、もうすっかり疲れ切ってしまって走れません。
何卒、お許しください。
気が安まる事なく、御苦労、御心配をお掛け致し申し訳ありません。
幸吉は父母上様の側で暮らしとうございました。

川端康成は、この遺書について、「この簡単平易な文章に、あるひは万感をこめた遺書の中では、相手ごと食べものごとに繰りかへされる〈おいしゆうございました〉といふ、ありきたりの言葉が、じつに純ないのちを生きてゐる。そして、遺書全文の韻律《いんりつ》をなしてゐる。美しくて、まことで、かなしいひびきだ」と語り、「千万言《せんまんげん》も尽くせぬ哀切である」と評しました。

遺書に書かれた食べものは、亡くなる数日前に円谷が実家で食べた正月の料理でした。「三日とろろ」は、正月三日の晩に麦飯にとろろをかけて食べる、地元の習わしです。円谷は、腰を痛めて走れなくなったときに、自分のことよりも、周囲の人の悲しそうな表情を先に思い浮かべるような人物であったといわれています。真面目で礼儀正しく、あまりにも責任感の強かった円谷が、父母や親族それぞれに気持ちを残す際、自分と家族を結びつけていたのが、正月に一緒に食べたものであり、それらを「美味しうございました」と伝えることであったように思えます。

「おいしかった」とは、食べもの自体や自分に向けてだけではなく、食事を用意してくれた人、食卓を囲んで一緒に食べた相手をおもんばかる言葉でもあることを、円谷の遺書は思い出させます。

食は、人と人とのつながりを鮮明にします。それだけでなく、神と人、社会と個人、文明と自然、生と死といったものをを結びつける働きももっています。未来のコミュニケーションにおいて、食が果たす役割は、これからどのようになるのでしょうか。食事をおいしくいただきながら、一緒に考えてくだされればと思います。

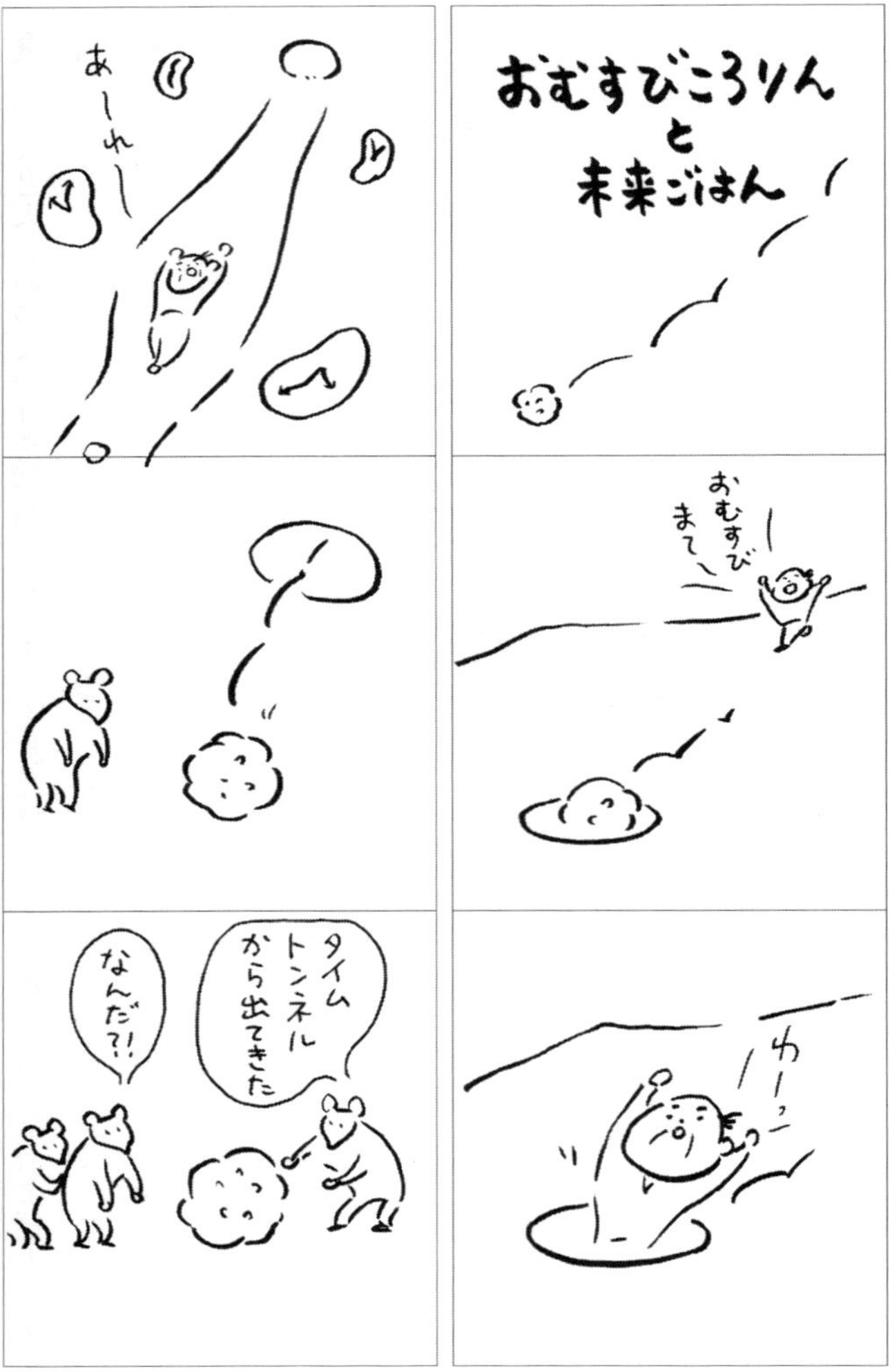

おむすびころりん
と
未来ごはん
おむすびまて
わーっ
あーれー
タイムトンネルから出てきた
なんだ?!

まるい
しろい
ややにおう
ややべたつく
ややややわらかい
これは「おむすび」たべものだ!
へー!
甘い!!
ほんとだ!
甘い!
うまい!
甘い!
分解できるぞ!
わーっ
こうして合成おむすび製造が始まった。
ころがりにくい合成おむすびの検討
おむすびの父

おわりに

２０１１年、東日本大震災を経験したあと、いろいろな感情を目のあたりにしました。中でも、震災直後からよく聞いた言葉には、必ずといっていいほど「希望への想い」が含まれていました。絆、復興、願い。人が絶望の状況に立たされたとき、現実を生きていくためには、希望が〝必須栄養素〟のようなものであることを感じました。

私が繰り返し見続けている映画のひとつに『ショーシャンクの空に』があります。ストーリーは、主人公のアンディが無実の罪で終身刑の判決を受け、刑務所内を舞台に展開されます。刑務官からの暴力などが日常的に繰り返される中で、絶望的な環境下でもアンディは自分を失わず、希望を見出すことをやめません。アンディは「hope」という言葉を何度も使います。脱獄に成功したアンディが、友人レッドに向けた手紙の中でも書いています。

Remember, Red, hope is a good thing, maybe the best of things. And no good thing ever dies.（忘れないで、レッド。希望はいいもんだ。たぶん一番いいものだ。そして、いいものは決してなくならない。）

その後、アンディに会いに行くレッドが、hopeという言葉を何度も使いながら映画は終わります。

実際の未来はどうなるかわかりません。受け手によってユートピアにもディストピアにもなる可能性があります。それを左右するもののひとつが、希望であるのは確かです。

震災の際、ライフラインが遮断されたとたん、コンビニやスーパーの棚は瞬時に空っぽになりました。その間、私は異様な緊張感が満ちる街の様子や、家族や自分の命を無事につなげるにはどうしたらよいかなどをこと細かに記録していました。そのこと自体が、私の気持ちを冷静にさせてくれました。そして、このメモが、いつか何かの役に立つのではないかという希望もありました。それは、つらい状況でも未来に目を向けることの重要性をリアルに体感した瞬間でした。

時をさかのぼると、子どもの頃の私は、多くの子がそうであったように、TVアニメに夢中でした。好きだったのは、王道作品の『ドラえもん』や『機動戦士ガンダム』でした。キャラクターが魅力的だったのもありますが、「22世紀」や「宇宙世紀」というまだ見ぬ世界の設定に好奇心を刺激されました。そんな私にとって、小学校高学年の頃に開かれた「つくば科学万博」は、鼻血が出るほどドキドキするものでした。科学と技術が切り開く、ドラえもんやガンダムのような未来が、この先にやって来るんだと想像し、静かな興奮を覚えていました。

そして年を重ねるごとに、小さな頃に、アニメやマンガ、SF小説、科学館などでワクワクさせてくれた大人たちのありがたみを感じるようになりました。その一方で、私は、次の世代に何かワクワクするものを提供しているのか、新しい世界を切り開く可能性を示しているのかと自問自答しています。少なくとも、未来の食に希望は抱き続けたいと思っています。

この本を生み出し、支えてくださった光文社の廣瀬雄規さんと高橋恒星さんに深く感謝致します。また、食の未来について、多くの方とお話しする機会がありました。この場を借りて、一緒にディスカッションをしていただいた方々にお礼を申し上げます。最後に、この本を一緒に作り上げてくれた妻の繭子にも感謝します。どうもありがとう。

1005
人生100年、長すぎるけどどうせなら健康に生きたい。
病気にならない100の方法
藤田紘一郎
「後期高齢者」で「検査嫌い」の名物医師が、医者や薬に頼らずに免疫力を上げる食事と生活習慣を徹底指南。人生100年、死なないのならば生きるしかない、そんな時代の処方箋。
978-4-334-04412-1

1006
ビジネス・フレームワークの落とし穴
山田英夫
SWOT分析から戦略は出ない?!／作り手の意志満載のPPM。／NPVは、なぜ少しだけプラスになるのか?――意思決定が歪む「危うさ」を理解し、フレームワークを正しく使う。
978-4-334-04413-8

1007
「糖質過剰」症候群
あらゆる病に共通する原因
清水泰行
緑内障、アルツハイマー、関節症、がん、皮膚炎、不妊、狭心症…全身を着々と蝕む糖質の恐怖。七千を超える論文を参照しつつ、現代に増え続ける様々な疾患と、糖質過剰摂取との関係を説く。
978-4-334-04414-5

1008
クジラ博士のフィールド戦記
加藤秀弘
シロナガスクジラの回復にはミンククジラを間引け?!――長年、IWC科学委員会に携わってきた著者による鯨類研究の最前線。科学者の視点でIWC脱退問題も解説。
978-4-334-04402-2

1009
世界の危険思想
悪いやつらの頭の中
丸山ゴンザレス
最も危険な場所はどこか?――それは、人の「頭の中」である。「世界各国の恐ろしい考え方」を「クレイジージャーニー」出演中の危険地帯ジャーナリストが体当たり取材!
978-4-334-04415-2

光文社新書

1000

「%」が分からない大学生

日本の数学教育の致命的欠陥

芳沢光雄

いま、「比と割合の問題」を間違える大学生が目に見えて増えている。この問題の本質とは何か。現在の数学教育に危機感を抱いてきた著者が、これからの時代に必要な「学び」を問う。

978-4-334-04407-7

1001

1964東京五輪ユニフォームの謎

消された歴史と太陽の赤

安城寿子

気鋭の服飾史家が、豊富な史料と取材に基づき、闇に葬り去られようとした赤いブレザー誕生の歴史を発掘。また、なぜ歴史は消されかけたのか、詳細に分析する。

978-4-334-04408-4

1002

辛口評論家、星野リゾートに泊まってみた

瀧澤信秋

年間250泊するホテル評論家が、「星のや」「界」「リゾナーレ」22施設を徹底取材。熱狂的ファンを持つ星野リゾートの強さの秘密に迫る。星野佳路代表の2万字インタビューも収録。

978-4-334-04409-1

1003

ルポ 人は科学が苦手

アメリカ「科学不信」の現場から

三井誠

科学大国・アメリカで科学記者が実感したのは、社会に広がる「科学への不信」だった。その背景に何があるのか。先進各国に共通する「科学と社会を巡る不協和音」という課題を描く。

978-4-334-04410-7

1004

「食べること」の進化史

培養肉・昆虫食・3Dフードプリンタ

石川伸一

人類と食の密接なつながりを科学、技術、社会、宗教などの視座から多面的に描く。サルと分かれてヒトが誕生してから「SF食」が実現する未来までの、壮大な物語。

978-4-334-04411-4

995
セイバーメトリクスの落とし穴
マネー・ボールを超える野球論
お股ニキ (@omatacom)

データ分析だけで勝てるほど、野球は甘くない。多くのプロ選手から支持される独学の素人が、未だに言語化、数値化されていない野球界の最先端トレンドを明らかにする。

978-4-334-04401-5

996
仕事選びのアートとサイエンス
不確実な時代の天職探し
山口周

「好き」×「得意」で仕事を選んではいけない――『世界のエリートはなぜ「美意識」を鍛えるのか？』の著者が贈る、幸福になるための仕事選びの方法。『天職は寝て待て』の改訂版。

978-4-334-04403-9

997
0円で会社を買って、死ぬまで年収1000万円
個人でできる「事業買収」入門
奥村聡

127万社が後継者不在で消えていく「大廃業時代」。普通の人が会社を安く買って成長させ、自由な生き方で安定した収入を得る方法を事業承継デザイナーが伝授する。

978-4-334-04404-6

998
大量廃棄社会
アパレルとコンビニの不都合な真実
仲村和代
藤田さつき

たくさん作って、無駄に捨てられる年間10億着の新品の服や、大量の恵方巻き。「無駄」の裏には必ず「無理」が潜んでいる。その実情と解決策を徹底レポートする。**解説・国谷裕子氏**

978-4-334-04405-3

999
12階から飛び降りて一度死んだ私が伝えたいこと
モカ　高野真吾

自殺から生還した経営者、漫画家、元男性のトランスジェンダーであるモカが、壮絶な半生の後に至った「貢献」の境地とは。取材を続ける記者が伝える。本人の描き下ろし漫画も掲載。

978-4-334-04406-0

光文社新書

990
日本一の給食メシ
栄養満点3ステップ簡単レシピ100
松丸奨
今日から自炊が楽になる！ 楽しくなる！ 作りやすさを重視した3ステップの工程で、徹底的に時短を追求。給食日本一の小学校栄養士が考えた、今日から使える100のレシピ。
978-4-334-04396-4

991
プログラミング教育はいらない
GAFAで求められる力とは？
岡嶋裕史
ジョブズ、ザッカーバーグ、ペイジ、ベゾスを教育で生み出せるのか？ 2020年、プログラミング教育必修化に向けて問う。キモは、プログラミングではなく「プログラミング的思考」。
978-4-334-04397-1

992
子どもが増えた！
明石市 人口増・税収増の自治体経営《まちづくり》
湯浅誠 泉房穂
藻谷浩介 村木厚子
藤山浩 清原慶子
北川正恭 さかなクン
普通の地方都市で人口、税収ともに増え続けているのは、「誰も排除しない」支援策が要因だ。どこでもできる「やさしい社会」のつくり方を、元市長、社会活動家が論客とともに示す。
978-4-334-04398-8

993
日本のものづくりを支えた
ファナックとインテルの戦略
「工作機械産業」50年の革新史
柴田友厚
強いものづくりの背後には、強い工作機械産業が存在する。日本の工作機械産業が「世界最強」であり続けられたのはなぜか。二つの企業を切り口として、創造と革新のプロセスを描く。
978-4-334-04399-5

994
協力と裏切りの生命進化史
市橋伯一
ヒトはなぜ単細胞生物から現在のかたちとなったのか。生命と非生命を分けるものとは。生命はどこへ向かうのか。進化生物学の最新研究でわかった、「私たちの起源」と「複雑化の過程」。
978-4-334-04400-8

985
死にゆく人の心に寄りそう
医療と宗教の間のケア
玉置妙憂

死の間際、人の体と心はどう変わるのか？　自宅での看取りに必要なことは？　現役看護師の女性僧侶が語る、平穏で幸福な死を迎える方法と、残される家族に必要な心の準備。

978-4-334-04391-9

986
吃音の世界
菊池良和

言葉に詰まること＝悪いこと？　吃音症の人は一〇〇人に一人の割合で存在し、日本には約一二〇万人いると言われている。自ら吃音に悩んできた医師が綴る、自分と他者を受け入れるヒント。

978-4-334-04392-6

987
世界一のメートル・ドテルが教える
利益を生むサービス思考
宮崎辰

サービスは、おもてなしにあらず。サービスは「商品」であり、お店や企業の営業ツールであり、ブランドの源泉でもある。世界一に輝いた著者が、新時代のサービスを詳らかにする。

978-4-334-04393-3

988
その落語家、住所不定。
タンスはアマゾン、家のない生き方
立川こしら

立川志らく師匠推薦！　身一つで世界中の落語会を飛び回る、家さえ持たない究極のミニマリストである著者が、自らの生き方哲学と実践を初めて明かす。

978-4-334-04394-0

989
宇宙はなぜブラックホールを造ったのか
谷口義明

ほぼすべての銀河の中心には、超大質量ブラックホールがある。それは、いつ生まれ、どのように育ち、どのような運命を辿るのか――。現代天文学が描く、宇宙の過去・現在・未来。

978-4-334-04395-7

石川伸一（いしかわしんいち）
1973年、福島県生まれ。東北大学大学院農学研究科修了。現在、宮城大学食産業学群教授。専門は、分子調理学。著書に『料理と科学のおいしい出会い 分子調理が食の常識を変える』（化学同人）、共訳書に『The Kitchen as Laboratory 新しい「料理と科学」の世界』（講談社）などがある。

「食《た》べること」の進化史《しんかし》
培養肉《ばいようにく》・昆虫食《こんちゅうしょく》・3Dフードプリンタ

2019年5月30日初版1刷発行

著　者 ── 石川伸一
発行者 ── 田邉浩司
装　幀 ── アラン・チャン
印刷所 ── 萩原印刷
製本所 ── 榎本製本
発行所 ── 株式会社光文社
東京都文京区音羽1-16-6（〒112-8011）
https://www.kobunsha.com/
電　話 ── 編集部03(5395)8289 書籍販売部03(5395)8116
業務部03(5395)8125
メール ── sinsyo@kobunsha.com

 ISBN 978-4-334-04411-4

参考文献

はじめに

THE BIG ISSUE ONLINE（2018）．“死刑囚の選ぶ「最後の食事」とは？ - 写真家ヘンリー・ハーグリーブスの作品から毎週死刑が執行されているアメリカの死刑制度を考える”，http://bigissue-online.jp/archives/1068521327.html（閲覧日：2019年3月28日）．

Henry Hargreaves．“No Seconds”，http://henryhargreaves.com/no-seconds（閲覧日：2019年3月28日）．

WIRED.jp（2012）．“死刑囚「最後の食事」を再現：ギャラリー”，https://wired.jp/2012/12/18/no-seconds-henry-hargreaves/（閲覧日：2019年3月28日）．

佐野洋子著（2008）．“今日でなくてもいい”，『神も仏もありませぬ』，31-41，ちくま文庫．

序章

Richard Dawkins（1983）．“Universal Darwinism”，『Evolution from molecules to men』Ed. by D. S. Bendall, 403–425，Cambridge University Press.

Stephen H. Cutcliffe（1989）．“Melvin Kranzberg; One Last Word-Technology and History; “Kranzberg's Laws”，『In Context: History and the History of Technology : Essays in Honor of Melvin Kranzberg（Research in Technology Studies, Vol 1）』by Stephen H. Cutcliffe，244-258，Lehigh University Press.

アレックス・メスーディ著，野中香方子翻訳（2016）．『文化進化論　ダーウィン進化論は文化を説明できるか』，エヌティティ出版．

ケヴィン・ケリー著，服部 桂翻訳（2014）．『テクニウム　テクノロジーはどこへ向かうのか？』，みすず書房．

ジャレド・ダイアモンド他著，大野和基編（2018）．『未来を読む　AIと格差は世界を滅ぼすか』，PHP研究所．

ジョシュ・シェーンヴァルド著，宇丹貴代実翻訳（2013）．『未来の食卓 2035年 グルメの旅』，講談社．

ジョン・デスモンド・バナール著，鎮目恭夫翻訳（1972）．『宇宙・肉体・

悪魔　理性的精神の敵について』，みすず書房．

バリー・シュワルツ著，瑞穂のりこ翻訳（2004）．『なぜ選ぶたびに後悔するのか　「選択の自由」の落とし穴』，武田ランダムハウスジャパン．

マーシャル・マクルーハン著，栗原 裕，河本仲聖翻訳（1987）．『メディア論　人間の拡張の諸相』，みすず書房．

ミチオ・カク著，斉藤隆央翻訳（2012）．『2100 年の科学ライフ』，NHK 出版．

ユヴァル・ノア・ハラリ著，柴田裕之翻訳（2016）．『サピエンス全史（上）（下）　文明の構造と人類の幸福』，河出書房新社．

更科 功著（2018）．『絶滅の人類史　なぜ「私たち」が生き延びたのか』，NHK 出版．

石井加代子（2004）．“心の科学としての認知科学”，*科学技術動向*，2004 年 7 月号：12-21.

村上陽一郎著（1999）．『科学・技術と社会　文・理を越える新しい科学・技術論』，光村教育図書．

竹山重光（1993）．“技術の善し悪し”，*環境技術*，22（12）：55-58.

朝日新聞 GLOBE ＋（2018）．“「必要なのは、次の流れを創る人」 MIT メディアラボ・石井裕氏の「天才論」”，https://globe.asahi.com/article/11577833（閲覧日：2019 年 3 月 28 日）．

肉肉カンファレンス 2018（2018）．“講演者：稲見昌彦，江渡浩一郎，演題：肉肉学会の軌跡”，（開催日：2018 年 9 月 18 日，開催場所：立命館大学びわこ・くさつキャンパス）．

第 1 章

AFPBB News（2013）．“世界初、人工肉バーガーの試食会開催「食感は完璧」”，http://www.afpbb.com/articles/-/2960224?pid=11139489（閲覧日：2019 年 3 月 28 日）．

BBC News（2013）．“World's first lab-grown burger is eaten in London”，https://www.bbc.com/news/science-environment-23576143（閲覧日：2019 年 3 月 28 日）．

BBC Two. “Back in Time for Dinner”，https://www.bbc.co.uk/programmes/b05nc5tv（閲覧日：2019 年 3 月 28 日）．

Cesar Vega，Job Ubbink，Erik van der Linden 編，阿久澤さゆり，石川伸一，寺本明子翻訳（2017）．『The Kitchen as Laboratory 新しい「料理と科学」の世界』，講談社．

Courtney Humphries（2012）．“Cooking: delicious science”，*Nature*, 486（7403）：S10-1.

Hervé This（2009）．“Twenty Years of Molecular Gastronomy”，*日本調理科学会誌*，42（2）：79-85.

Hervé This 著（2007）．『Kitchen Mysteries: Revealing the Science of Cooking』，Columbia University Press.

Hervé This 著（2008）．『Molecular Gastronomy: Exploring the Science of Flavor』，Columbia University Press.

Jeff Potter 著，水原文 翻訳（2011）．『Cooking for Geeks　料理の科学と実践レシピ』，オライリージャパン．

Kokiri Lab. “Project Nourished A Gastronomical Virtual Reality Experience”，http://www.projectnourished.com（閲覧日：2019 年 3 月 28 日）．

Mary Gwynn 著（2015）．『Back In Time For Dinner: From Spam to Sushi: How We've Changed the Way We Eat（English Edition）Kindle 版』，Transworld Digital.

NASA（2013）．“3D Printing: Food in Space”，https://www.nasa.gov/directorates/spacetech/home/feature_3d_food.html（閲覧日：2019 年 3 月 28 日）．

Nathan Myhrvold, Chris Young, Maxime Bilet 著（2011）．『Modernist Cuisine: The Art and Science of Cooking』，Cooking Lab.

National Geographic. “Diet Similarity”，https://www.nationalgeographic.com/foodfeatures/diet-similarity/（閲覧日：2019 年 3 月 28 日）．

Nordic Food Lab，Joshua Evans，Roberto Flore，Michael Bom Frøst 著（2017）．『On Eating Insects: Essays, Stories and Recipes』，Phaidon Press.

Nordic Food Lab. http://nordicfoodlab.org（閲覧日：2019 年 3 月 28 日）．

THE Royal Society（2012）．“Royal Society names refrigeration most

significant invention in the history of food and drink", https://royalsociety.org/news/2012/top-20-food-innovations/（閲覧日：2019年3月28日）.

Salvador Dalí 著, J. Peter Moore 翻訳（2016）.『Dalí: Les Diners De Gala』, Taschen America LLC.

Soylent.com. https://soylent.com（閲覧日：2019年3月28日）.

Team Open Meals Japan. "OPEN MEALS", http://open-meals.com（閲覧日：2019年3月28日）.

The 2nd International Conference Insects to Feed the World（2018）. http://ifw2018.csp.escience.cn/（閲覧日：2019年3月28日）.

The Observer. "'Molecular gastronomy is dead.' Heston speaks out", http://observer.theguardian.com/foodmonthly/futureoffood/story/0,,1969722,00.html（閲覧日：2019年3月28日）.

WIRED.jp（2018）. "「培養肉」か、それとも「クリーンミート」と呼ぶべきか？　白熱するネーミング論争", https://wired.jp/2018/08/10/meat-free-meat-clean-meat/（閲覧日：2019年3月28日）.

農林水産省若手有志チーム「Team 414」（2018）. "この国の食と私たちの仕事の未来地図", www.maff.go.jp/j/p_gal/min/attach/pdf/180403-4.pdf（閲覧日：2019年3月28日）.

みずほフィナンシャルグループ「Fole」（2018）. "未来の食", 17.

アンドルー・F・スミス著, 小巻靖子翻訳（2011）.『ハンバーガーの歴史　世界中でなぜここまで愛されたのか？』, スペースシャワーネットワーク.

インテグリカルチャー株式会社. http://integriculture.jp/（閲覧日：2019年3月28日）.

ウォシャウスキー兄弟監督（1999）.『マトリックス』, ワーナー・ブラザース・ホームエンターテイメント.

エルヴェ・ティス著, 須山泰秀翻訳（1999）.『フランス料理の「なぜ」に答える』, 柴田書店.

クロード・レヴィ＝ストロース著, 渡辺公三, 榎本譲, 福田素子, 小林真紀子翻訳（2007）.『食卓作法の起源（神話論理 3）』, みすず書房.

ジェフリー・M・ピルチャー著, 伊藤茂翻訳（2011）.『食の500年史』,

エヌティティ出版.
ジャン＝ルイ・フランドラン，マッシモ・モンタナーリ著，宮原信，北代美和子監訳（2006）.『食の歴史　III』，藤原書店.
スー・シェパード著，赤根洋子翻訳（2001）.『保存食品開発物語』，文藝春秋.
デビッド・カーソン監督（2013）.『スター・トレック ディープ・スペース・ナイン』，パラマウント・ホーム・エンタテインメント・ジャパン.
パトリック・ファース著，目羅公和翻訳（2007）.『古代ローマの食卓』，東洋書林.
フェラン・アドリア，ジュリ・ソレル，アルベルト・アドリア著，清宮真理，小松伸子，斎藤唯，武部好子翻訳（2009）.『エル・ブリの一日　アイデア、創作メソッド、創造性の秘密』，ファイドン.
ボブ・ホルムズ著，堤理華翻訳（2018）.『風味は不思議：多感覚と「おいしい」の科学』，原書房.
モーリス・デッカーズ監督（2016）.『ノーマ東京　世界一のレストランが日本にやって来た（字幕版）』，http://amzn.asia/d/gFvujoi（閲覧日：2019年3月28日）.
リチャード・フライシャー監督（1973）.『ソイレント・グリーン』，ワーナー・ブラザース・ホームエンターテイメント.
レイチェル・ローダン著，ラッセル秀子翻訳（2016）.『料理と帝国　食文化の世界史 紀元前2万年から現代まで』，みすず書房.
宇宙航空研究開発機構（JAXA）（2015）.“宇宙日本食”，http://iss.jaxa.jp/spacefood/（閲覧日：2019年3月28日）.
猿舘小夏，海野玖仁湖，小泉玲子，住正宏，石川伸一（2015）.“組織構造観察による料理の式化および分類”，平成27年度大会 日本調理科学会大会研究発表要旨集，https://www.jstage.jst.go.jp/article/ajscs/27/0/27_196/_article/-char/ja/（閲覧日：2019年3月28日）.
河北新報オンラインニュース（2018）.“見た目はロールケーキ、食べるとティラミス　その名は！”，https://www.kahoku.co.jp/tohokunews/201801/20180126_12007.html（閲覧日：2019年3月28日）.
玉村豊男著（2010）.『料理の四面体』，中央公論新社.

細谷龍平（2017）．“グローカル化として見たグローバル化　—ミームに基づく循環的進化論に向けた試論—”，*グローカル研究（成城大学グローカル研究センター）*，4：1-21.

山本益博著（2002）．『エル・ブリ　想像もつかない味』，光文社.

星新一著（2005）．“禁断の命令”，『天国からの道』，247-255，新潮社.

石川伸一，猿舘小夏（2016）．“食品構造に着目した「料理の式」の作成および新規料理開発法の提案”，平成 28 年度大会 日本調理科学会大会研究発表要旨集，https://www.jstage.jst.go.jp/article/ajscs/28/0/28_71/_article/-char/ja/（閲覧日：2019 年 3 月 28 日）.

石川伸一著（2014）．『料理と科学のおいしい出会い：分子調理が食の常識を変える』，化学同人.

石毛直道著（2015）．『日本の食文化史　旧石器時代から現代まで』，岩波書店.

川崎寛也（2015）．「日本料理人のデザイン思考　新しい料理の考え方」，柴田日本料理研鑽会著『料理のアイデアと考え方　9 人の日本料理人、12 の野菜の使い方を議論する』，柴田書店.

川端晶子（1996）．“料理構造論”，大塚滋，川端晶子編『調理文化学（21 世紀の調理学 1）』，123-156，建帛社.

川端晶子（2011）．“レヴィ＝ストロースの料理構造論　—料理の三角形から料理の四面体へ—”，*日本調理科学会誌*，44（1）：97-98.

池田清和（1997）．“分子調理学”，田村真八郎，川端晶子編『食品調理機能学（21 世紀の調理学 4）』，113-143，建帛社.

長崎街道シュガーロード．“長崎街道「シュガーロード」”，http://sugar-road.net（閲覧日：2019 年 3 月 28 日）.

渡辺万里著，フェラン・アドリア監修（2000）．『エル・ブジ 至極のレシピ集 世界を席巻するスペイン料理界の至宝』，日本文芸社.

藤子・F・不二雄著（1983）．『大長編ドラえもん（VOL.4）のび太の海底鬼岩城』，小学館.

分子調理研究会．https://www.molcookingsoc.org（閲覧日：2019 年 3 月 28 日）.

鳴海拓志，伴祐樹，梶波崇，谷川智洋，廣瀬通孝（2012）．“拡張満腹感：拡張現実感を利用した食品の見た目の操作による満腹感のコントロ

ール”, *インタラクション 2012論文集*, 25-32.

鳴海拓志，伴祐樹，梶波崇，谷川智洋，廣瀬通孝（2013）．“拡張現実感を利用した食品ボリュームの操作による満腹感の操作”，*情報処理学会論文誌*，54（4）：1422-1432.

廣瀬純著（2005）．『美味しい料理の哲学』，河出書房新社.

第 2 章

Anna Petherick（2010）．“A solar salamander : Nature News”，https://www.nature.com/news/2010/100730/full/news.2010.384.html（閲覧日：2019 年 3 月 28 日）.

Anne-Dominique Gindrat，Magali Chytiris，Myriam Balerna，Eric M. Rouiller，Arko Ghosh（2015）．“Use-Dependent Cortical Processing from Fingertips in Touchscreen Phone Users”，*Current Biology*，25（1）：109-116.

Bastiaan T. Heijmans，Elmar W. Tobi，Aryeh D. Stein *et al.*（2008）．“Persistent epigenetic differences associated with prenatal exposure to famine in humans”，*Proceedings of the National Academy of Sciences of the United States of America*，105（44）：17046—17049.

C. Owen Lovejoy（1981）．“The Origin of Man”，*Science*，211（4480）：341-350.

Clyde A. Hutchison III，Ray-Yuan Chuang，Vladimir N. Noskov *et al.*（2013）．“Design and synthesis of a minimal bacterial genome”，*Science*，351（6280）：aad6253.

Hakhamanesh Mostafavi，Tomaz Berisa，Felix R. Day *et al.*（2017）．“Identifying genetic variants that affect viability in large cohorts”，*PLoS Biology*，15（9）：e2002458.

Innovations in the Microbiome（2015）．*Nature*，518（7540）：S1-S52.

Jef D. Boeke，George Church，Andrew Hessel *et al.*（2016）．“The Genome Project-Write”，*Science*，353（6295）：126-127.

Karina Fonseca-Azevedo，Suzana Herculano-Houzel（2012）．“Metabolic constraint imposes tradeoff between body size and

number of brain neurons in human evolution", *Proceedings of the National Academy of Sciences of the United States of America*, 109 (45) : 18571-18576.

Keith M. Godfrey, Allan Sheppard, Peter D. Gluckman *et al.* (2011). "Epigenetic gene promoter methylation at birth is associated with child's later adiposity" *Diabetes*, 60 (5) : 1528—1534.

Mary E. Rumpho, Jared M. Worful, Jungho Lee *et al.* (2008). "Horizontal gene transfer of the algal nuclear gene psbO to the photosynthetic sea slug *Elysia chlorotica*", *Proceedings of the National Academy of Sciences of the United States of America*, 105 (46) : 17867-17871.

NHKスペシャル「人類誕生」制作班編 (2018).『NHKスペシャル 人類誕生』, 学研プラス.

Natalie Kuldell, Rachael Bernstein, Karen Ingram, Kathryn M. Hart著, 津田和俊監修, 片野晃輔, 西原由実, 濱田格雄翻訳 (2018).『バイオビルダー　合成生物学をはじめよう』, オライリージャパン.

Rachel N. Carmody, Gil S. Weintraub, Richard W. Wrangham (2011). "Energetic consequences of thermal and nonthermal food processing", *Proceedings of the National Academy of Sciences of the United States of America*, 108 (48) : 19199-19203.

The GBD 2015 Obesity Collaborators (2017). "Health Effects of Overweight and Obesity in 195 Countries over 25 Years", *The New England Journal of Medicine*, 377 (1) : 13-27.

Victor H. Hutchison, Carl S. Hammen (1958)."Oxygen Utilization in the Symbiosis of Embryos of the Salamander, Ambystoma maculatum and the Alga, *Oophila amblystomatis*", *Biological Bulletin*, 115 : 483-489.

アーサー・C・クラーク著, 福島正実, 川村哲郎翻訳 (1980).『未来のプロフィル』, 早川書房.

ジョン・マッケイド著, 中里京子翻訳 (2016).『おいしさの人類史　人類初のひと噛みから「うまみ革命」まで』, 河出書房新社.

ダニエル・E・リーバーマン著, 塩原通緒翻訳 (2015).『人体600万年史(上)(下):科学が明かす進化・健康・疾病』, 早川書房.

デイヴィッド・J・リンデン著，岩坂彰翻訳（2014）．『快感回路　なぜ気持ちいいのか なぜやめられないのか』，河出書房新社．

ヒポクラテス著，小川政恭翻訳（1963）．『古い医術について—他八篇』，岩波書店．

マーリーン・ズック著，渡会圭子翻訳（2015）．『私たちは今でも進化しているのか？』，文藝春秋．

マイクル・ビショップ著，浅倉久志翻訳（1984）．『樹海伝説』，集英社．

マイケル・L・パワー，ジェイ・シュルキン著，山本太郎翻訳（2017）．『人はなぜ太りやすいのか　肥満の進化生物学』，みすず書房．

マルタ・ザラスカ著，小野木明恵翻訳（2017）．『人類はなぜ肉食をやめられないのか　250万年の愛と妄想のはてに』，インターシフト．

ミチオ・カク著，斉藤隆央翻訳（2015）．『フューチャー・オブ・マインド 心の未来を科学する』，NHK出版．

リチャード・ランガム著，依田卓巳翻訳（2010）．『火の賜物　ヒトは料理で進化した』，NTT出版．

橋元淳一郎著（2009）．『0と1から意識は生まれるか　意識・時間・実在をめぐるハッシー式思考実験』，早川書房．

山本隆（2012）．“おいしさと食行動における脳内物質の役割”，*日本顎口腔機能学会雑誌*，18（2）：107-114．

寺尾純二，山西倫太郎，高村仁知著（2016）．『三訂 食品機能学』，光生館．

酒井崇匡著（2015）．『自分のデータは自分で使う　マイビッグデータの衝撃』，講談社．

須田桃子著（2018）．『合成生物学の衝撃』，文藝春秋．

石川伸一（2013）．“「テーラーメイド食品」のインパクト遺伝子で食をオーダーメイド”，*PROJECT DESIGN 月刊「事業構想」*，2013年8月号：34-35．

石川伸一（2015）．“夢の卵「デザイナーエッグ」を目指して —— 個人の体質に合わせたテイラーメイド食品の開発”，*月刊化学*，2015年2月号：12-16．

中村丁次（2011）．“時代とともに変化する日本の「栄養」”，*ヘルシスト*，207：2-7．

日経サイエンス編集部著（2017）．『食の未来　地中海食からゲノム編集まで』，日本経済新聞出版社．

日経サイエンス編集部編（2017）．『最新科学が解き明かす　脳と心』，日本経済新聞出版社．

馬場悠男（2014）．“人類の進化―最新研究から人間らしさの発達を探る―”，*Anthropological Science (Japanese Series)*，122（1）：102-108．

櫻井武著（2012）．『食欲の科学』，講談社．

第 3 章

Anthony Faiola（2006）．“Putting the Bite On Pseudo Sushi And Other Insults”，The Washington Post，http://www.washingtonpost.com/wp-dyn/content/article/2006/11/23/AR2006112301158.html（閲覧日：2019 年 3 月 28 日）．

Carol Nemeroff，Paul Rozin（1989）．““You are what you eat”: Applying the demand-free “impressions” technique to an unacknowledged belief”，*Ethos*，17（1），50-69．

Debra A Zellner，Shin Saito，Johanie Gonzalez（2007）．“The effect of stress on men’s food selection”，*Appetite*，49（3）：696-699．

Debra A. Zellner，Susan Loaiza，Zuleyma Gonzalez *et al.*（2006）．“Food selection changes under stress”，*Physiology & Behavior*，87（4）：789-793．

Koert Van Mensvoort，Hendrik-Jan Grievink 編集（2014）．『The In Vitro Meat Cookbook』，Bis Publishers．

Steven Vertovec（2007）．“Super-diversity and its implications”，*Ethnic and Racial Studies*，30（6）：1024–1054．

エイミー・グプティル，デニス・コプルトン，ベッツィ・ルーカル著，伊藤茂翻訳（2016）．『食の社会学　パラドクスから考える』，エヌティティ出版．

ゴードン・M・シェファード著，小松淳子翻訳（2014）．『美味しさの脳科学　においが味わいを決めている』，合同出版．

スーザン・クナウト・ランガー著，池上保太，矢野萬里翻訳（1967）．『芸術とは何か』，岩波書店．

スコット・ジェイムズ著，児玉聡翻訳（2018）．『進化倫理学入門』，名古屋大学出版会．

スティーブン・メネル著，北代美和子翻訳（1989）．『食卓の歴史』，中央公論社．

ビー・ウィルソン著，堤理華翻訳（2017）．『人はこうして「食べる」を学ぶ』，原書房．

フェリペ・フェルナンデス＝アルメスト著，小田切勝子翻訳（2010）．『食べる人類誌　火の発見からファーストフードの蔓延まで』，早川書房．

ブリア－サヴァラン著，関根秀雄，戸部松実翻訳（1967）．『美味礼讃（上）（下）』，岩波書店．

マーヴィン・ハリス著，板橋作美翻訳（2001）．『食と文化の謎』，岩波書店．

モーリス・センダック作，じんぐうてるお翻訳（1975）．『かいじゅうたちのいるところ』，冨山房．

レフ・トルストイ著，中村白葉，中村融翻訳（1973）．『トルストイ全集 14 宗教論（上）』，河出書房新社．

ワルター・ヴァンダーエイケン，ロン・ヴァン・デート著，野上芳美翻訳（1997）．『拒食の文化史』，青土社．

ヴィクトール・E・フランクル著，池田香代子翻訳（2002）．『夜と霧 新版』，みすず書房．

磯野真穂著（2015）．『なぜふつうに食べられないのか　拒食と過食の文化人類学』，春秋社．

岡田哲著（1998）．『食の文化を知る事典』，東京堂出版．

河合隼雄著（2002）．『昔話と日本人の心』，岩波書店．

河上睦子著（2015）．『いま、なぜ食の思想か　豊食・飽食・崩食の時代』，社会評論社．

宮崎駿監督（2002）．『千と千尋の神隠し〔通常版〕(DVD)』，ブエナ・ビスタ・ホーム・エンターテイメント．

橋本周子著（2014）．『美食家の誕生　グリモと〈食〉のフランス革命』，名古屋大学出版会．

今田純雄，和田有史編（2017）．『食行動の科学 「食べる」を読み解く』，

朝倉書店.

今田純雄編（2005).『食べることの心理学　食べる、食べない、好き、嫌い』，有斐閣.

坂本光代，湯川笑子（2017).“スーパーダイバーシティーとは何か”，*母語・継承語・バイリンガル教育（MHB）研究*，13：62-69.

諸富祥彦著（1997).『フランクル心理学入門—どんな時も人生には意味がある』，コスモスライブラリー.

松永澄夫著（2003).『「食を料理する」　哲学的考察』，東信堂.

信原幸弘著（2017).『情動の哲学入門　価値・道徳・生きる意味』，勁草書房.

青山昌文，坂井素思著（2010).『社会の中の芸術　料理・食・芸術文化を中心として』，放送大学教育振興会.

赤坂憲雄著（2017).『性食考』，岩波書店.

川端有子著，西村醇子編（2007).『子どもの本と〈食〉　物語の新しい食べ方』，玉川大学出版部.

増成隆士，川端晶子編（1997).『美味学（21 世紀の調理学 3)』，建帛社.

村瀬学著（2010).『「食べる」思想　人が食うもの・神が喰うもの』，洋泉社.

大平健著（2003).『食の精神病理』，光文社.

長谷川眞理子（2001).“進化心理学の展望”，*科学哲学*，34（2)：11-23.

田澤耕著（2011).『ガウディ伝　「時代の意志」を読む』，中央公論新社.

渡辺万里著（2010).『スペインの竈から　美味しく読むスペイン料理の歴史』，現代書館.

日下部裕子，和田有史編（2011).『味わいの認知科学　舌の先から脳の向こうまで』，勁草書房.

畑中三応子著（2013).『ファッションフード、あります。　はやりの食べ物クロニクル 1970-2010』，紀伊國屋書店.

伏木亨著（2005).『人間は脳で食べている』，筑摩書房.

柳宗悦著（2006).『民藝とは何か』，講談社.

第４章

NHK クローズアップ現代＋（2016）．“進化する人工知能　ついに芸術まで!?”，http://www.nhk.or.jp/gendai/articles/3837/1.html（閲覧日：2019 年 3 月 28 日）．

Nard Clabbers（2018）．“Personalised Nutrition and Health. Foodture 2018. Antwerp”，https://www.personalisednutritionandhealth.com/en/personalisednutritionandhealth.htm（閲覧日：2019 年 3 月 28 日）．

Stephen Baker，Stephen Hamm 著（2015）．“Cognitive Cooking With Chef Watson: Recipes for Innovation from IBM & the Institute of Culinary Education”，Sourcebooks Inc.

The Next Rembrandt. https://www.nextrembrandt.com（閲覧日：2019 年 3 月 28 日）．

United Nations, Department of Economic and Social Affairs, Population Division（2017）．“World Population Prospects: The 2017 Revision, Key Findings and Advance Tables”，https://esa.un.org/unpd/wpp/Publications/Files/WPP2017_KeyFindings.pdf（閲覧日：2019 年 # 月 # 日）．

WIRED.jp（2016）．“人工知能が描いた「レンブラントの新作」”，https://wired.jp/2016/04/14/new-rembrandt-painting/（閲覧日：2019 年 3 月 28 日）．

ジョン・クレブス著，伊藤佑子，伊藤俊洋翻訳（2015）．『食　90 億人が食べていくために』，丸善出版．

トマス・ロバート マルサス著，吉田秀夫翻訳．『人口論 01 第一篇　世界の未開国及び過去の時代における人口に対する妨げについて Kindle 版』，Amazon Services International, Inc..

ドネラ・H・メドウズ著（1972）．『成長の限界　ローマ・クラブ「人類の危機」レポート』，ダイヤモンド社．

ナショナル・ジオグラフィック編（2016）．『ナショジオと考える 地球と食の未来（日経 BP ムック）』，日経ナショナルジオグラフィック社．

ビー・ウィルソン著，真田由美子翻訳（2014）．『キッチンの歴史　料理道具が変えた人類の食文化』，河出書房新社．

ヨルゲン・ランダース著（2013）竹中平蔵解説，野中香方子翻訳.『2052 今後 40 年のグローバル予測』，日経 BP 社.

阿古真理（2018）．“なぜ食べない！コメの消費が減り続ける真因”，東洋経済オンライン，https://toyokeizai.net/articles/-/218173（閲覧日：2019 年 3 月 28 日）.

塩原拓人，井上智雄（2014）．“遠隔非食事者との疑似共食コミュニケーションのためのインタフェースエージェント”，*情報処理学会論文誌デジタルコンテンツ*，2（2）：20–28.

河野哲也（2005）．“哲学者の食卓”，鈴木晃仁，石塚久郎編『食餌の技法 身体医文化論〈Ⅳ〉』，218-235，慶應義塾大学出版会.

環境省．“持続可能な開発のための 2030 アジェンダ /SDGs”，http://www.env.go.jp/earth/sdgs/index.html（閲覧日：2019 年 3 月 28 日）.

岩村暢子著（2005）．『〈現代家族〉の誕生　幻想系家族論の死』，勁草書房.

岩村暢子著（2010）．『家族の勝手でしょ！　写真 274 枚で見る食卓の喜劇』，新潮社.

岩村暢子著（2017）．『残念和食にもワケがある　写真で見るニッポンの食卓の今』，中央公論新社.

岩村暢子著（2003）．『変わる家族 変わる食卓　真実に破壊されるマーケティング常識』，勁草書房.

宮下規久朗著（2007）．『食べる西洋美術史 「最後の晩餐」から読む』，光文社.

橋本克彦著（1999）．『オリンピックに奪われた命　円谷幸吉、三十年目の新証言』，小学館.

国立青少年教育振興機構（2019）．“青少年の体験活動等に関する意識調査（平成 28 年度調査）”，http://www.niye.go.jp/kenkyu_houkoku/contents/detail/i/130/（閲覧日：2019 年 3 月 28 日）.

石毛直道（2015）．“日本の食文化研究”，*社会システム研究*，7：9-17.

川端康成著（1987）．“円谷幸吉選手の遺書”，丸谷才一編『恋文から論文まで』，67-71，福武書店.

足立己幸，NHK「おはよう広場」班著（1983）．『なぜひとりで食べるの 食生活が子どもを変える』，日本放送出版協会.

足立己幸（2014）．“共食がなぜ注目されているか ―40 年間の共食・孤食研究と実践から”，*名古屋学芸大学健康・栄養研究所年報*，第 6 号特別号：43-56.

中田哲也著（2007）．『フード・マイレージ　あなたの食が地球を変える』，日本評論社.

渡邊浩行（2017）．“野菜はデザインできる？　銀座の植物工場で採れたて野菜を食べてきた”，ホットペッパーグルメ，https://www.hotpepper.jp/mesitsu/entry/hiro-watanabe/17-00208（閲覧日：2019 年 3 月 28 日）.

農林水産省．“（1）地球温暖化対策の加速化　ウ　農林水産分野における地球温暖化対策の総合的な推進”，http://www.maff.go.jp/j/wpaper/w_maff/h19_h/trend/1/t1_1_2_03.html（閲覧日：2019 年 3 月 28 日）.

農林水産省．“「和食」の保護・継承推進検討会　第 5 回検討会（平成 27 年 12 月 10 日）（参考資料 2）国民食生活実態調査結果最終報告書（PDF：1,965KB）”，http://www.maff.go.jp/j/council/seisaku/syoku_vision/pdf/h27_dai5kai_sk2.pdf（閲覧日：2019 年 3 月 28 日）.

農林水産省．“平成 29 年度 食育白書（平成 30 年 5 月 29 日公表）：農林水産省”，http://www.maff.go.jp/j/syokuiku/wpaper/h29_index.html（閲覧日：2019 年 3 月 28 日）.

表真美著（2010）．『食卓と家族　家族団らんの歴史的変遷』，世界思想社.

暮しの手帖社著（1974）．『暮しの手帖　第 2 世紀　33 号　1974 年・冬』，暮しの手帖社.

暮しの手帖社著（1975）．『暮しの手帖　第 2 世紀　34 号　1975 年・早春』，暮しの手帖社.

野口康人，井上智雄（2015）．“映像による非同期疑似共食会話における食事映像の同調の効果”，*情報処理学会論文誌*，57（1）：218-227.

柳田國男著（1963）．『定本柳田國男集　第 19 巻』，筑摩書房.

おわりに

フランク・ダラボン監督（2006）．『ショーシャンクの空に』，ワーナー・ブラザース・ホームエンターテイメント.

石川伸一，今泉マユ子著（2015）．『「もしも」に備える食　災害時でも、

いつもの食事を』，清流出版.

石川伸一著（2012）.『必ず来る！大震災を生き抜くための食事学　3.11 東日本大震災 あのとき、ほんとうに食べたかったもの』，主婦の友社.